OUR
PLANET'S
FIGHT
FOR LIFE

HALF-EARTH
半個地球

探尋生物多樣性及其保存之道

EDWARD O. WILSON
愛德華・威爾森
—
著

金恒鑣
王益真
—
譯

《蜜蜂、蒼蠅與花卉》（*Bees, flies, and flowers*）。

阿爾弗雷德・艾德蒙・布雷姆（Alfred Edmund Brehm），1883-1884。

「我們已然走過漫長路途，如今該是懸崖勒馬之時。」

——維吉爾，《農事詩》卷二（*The Second Georgic*）

推薦序

夏禹九

　　「生物多樣性」這個詞開始在學術論文中被普遍使用，始於本書作者威爾森（E. O. Wilson, 1988）的引領。這些年來經過很多人的推介、研究，生物多樣性的意義和重要性或多或少已經能夠被一般民眾認識了。維持地球上的生物多樣性已被列進國際組織及大多數國家的發展策略中，也是所有永續發展、氣候變遷等關係到人類未來發展的宣言、公約所必定會強調的議題。但說歸說，實際的情況是：受到全球化經濟發展（書中第七章人類活動最具破壞力的HIPPO）的影響，物種的滅絕、自然野地破壞的趨勢並未減緩。此外，由於近年來自然災害頻傳，一般大眾更加關注的焦點是氣候變遷。氣候變遷的趨勢若是無法減緩，物種滅絕危機更可能走上不歸路。

　　因為氣候變遷、生物多樣性喪失的資訊愈來愈明確，一個強調人類影響的「人類世」在二〇一六年被提出，做為接續「全新世」的下一個年代。然而強調人類的主宰無所不在的認知，亦可能擦槍走火，導致我們認為物種的滅絕乃是演化歷程的常態，人

類的科技文明終將可以維持現今的社會永續發展。本書先論述生物多樣性在人類發展中所處的困境，再引導我們探究近年來生物多樣性更多更廣的科學事實。書中舉了非常多的例子，一再強調：生態系中繁多的物種間的複雜（非線性）關係並非如一些抱持著「人類世」世界觀的人所輕率主張的，認為人類科技文明已經能夠掌握生態系功能的關鍵，從而輕忽地認為野境保育並非現今人類存活的急迫而重要的議題。書中強調以物種為生物多樣性層級系統的基礎層級單元，這個研究取向是我們理解、甚至能夠建構預測生態系模式的基本。關於生態學，一如所有的其他科學的研究方法，唯有知道更多物種的生活史、物種間的互動關係，才能了解生態系可永續的原理。然而我們迄今尚未能查明到底有多少的物種數量，更遑論生態系中生命之網路聯結關係。依著這樣的認知，保育尚未被人類摧毀的野境，維持野生的物種、加強生物多樣性的研究，似乎是人類文明永續唯一的法門。威爾森亦很樂觀的期待，合成生物學、人工智慧、全腦仿真等等的科學新領域，可用來創建一個有效、具預測性的生態學。

認為人終究還是可能理解自然的想法是否過於樂觀？對此有些生態學家持保留的觀點。由系統的觀點來看，自然生態系和涵容於其中且互相作用（非線性的）人類社會系統（或稱為社會—生態系統）具有複雜適應系統（complex adaptive system）自我組織和不確定的系統特性。系統中多重時間、空間尺度的組織成分與聯結關係，呈現出系統的湧顯特性（emergent property），很難藉解析到個別成分的特性來理解。因此，我們可能永遠無法完全

理解和準確預測人類的活動對自然環境所造成的影響；任何自然資源的經營政策，均應視為我們對生態系的一個試驗，我們是在實踐中學習，且要預期有無法預測的意外，保持韌性（或是適應的能力）。在構成複雜適應系統之韌性的要件中，多樣性（包括生物多樣性）是重要的關鍵，可以讓系統中保持冗餘（redundancy）以應對突發的意外。生態學家列文（Simon A. Levin, 1999. *Fragile Dominion: Complexity and the Commons*）曾經以他書桌抽屜中丟棄的一堆各式各樣用過的油性原子筆筆套為例：目前看似無用的，難保有一天卻恰恰可以補救某一支丟失筆套的原子筆。生態系統甚至社會系統中，若是僅僅著眼於效率，去除冗餘（不知道其功能的物種、不循規範的異端），則餘存的系統其實很難說能在不可免的變局中仍能提供其原有的服務。這樣的觀點，或許亦可能提供那些抱持著「人類世」世界觀而認為科技發展終將能解決我們搞砸的自然環境的人的深思。

在全球化浪潮下，現今的文明社會前景不明。不過，威爾森這位譽滿全球的推動生物多樣性保育的先驅者，用《半個地球》這本書（如原序所述，本書的書名「半個地球」的概念是作者推動托尼‧希斯在二〇一四年所提出的建議）努力推動這個雄心的規畫，可說是以非常樂觀的提案來面對生物多樣性的悲觀未來。在某種程度上，我覺得，威爾森在本書中所規劃的「生命圈首善之區」，甚至類似我們熟悉的孫中山先生當年規劃的實業計畫。你可以說這是夢想，也可以說是偉大的願景，端賴如書中所說的我們是否能夠改變自己的世界觀：經濟發展從以「量」的財富轉

型到以「質」的財富。人類世是否真正的永續發展，和我們賴以為生的自然環境能否永續，乃是息息相關的。願景之能否實現，有賴於將我們的世界觀改變為「生態實在論」的世界觀。老子道德經曰：「知不知，上；不知知，病（能夠知道自己哪裡不懂是好事；不懂卻還在裝懂那就危險了）。夫唯病病，是以不病（唯有正視缺失並加以改進，才能免除缺失）。」如果讀者在閱讀中知曉一些自然的奧妙，領會到自然複雜之美，那麼或許就更能夠支持威爾森這個保育半個地球給自然的偉然、而且仍然充滿樂觀信心的架構。

此外，威爾森以博物學家的背景，在書中還呼籲重視生物學研究上個體生物學與演化生物學知識的重要性。然而近年來生物科學的發展趨勢是經費、職缺偏重於微觀的分子生物學，生態學、自然史、分類學等和生物多樣性關係密切的領域的研究人員愈來愈少。威爾森提到的趨勢是世界上包括臺灣的現況。這樣的趨勢如果不能改變的話，威爾森所說的生物多樣性調查可以在二十三世紀完成的樂觀期待，恐怕會有悲觀的結局。

（本文作者為國立東華大學環境學院榮譽教授）

譯者序

人類能全拿嗎？還是半個地球就好？

金恒鑣

美國波士頓近郊一個退休生活社區裡，餐廳的一角坐著一個精神矍鑠的清瘦老人，桌上堆滿了書籍與文件。餐廳裡的其他退休老人，或在玩牌，或在互誇孫子輩的事，似乎沒有侵擾到沈浸在書世界裡的那位老先生。在這個供應全天候休息、享受生活的空間，老先生每天從事閱讀、書寫，全神思考著地球的未來。他就是愛德華・威爾森，一生從事生物學教學與研究的前哈佛大學教授。數十年來寫作不輟的他，在二○一六年三月出版了《半個地球：探尋生物多樣性及其保存之道》，這是他這輩子思索如何拯救命在旦夕之地球生命的結晶。

過去五十年來，威爾森所著的（包括與他人合著者）有關生命的科普類或教科書超過三十本，其中不乏暢銷（有的是長銷）的書，或榮膺美國書壇重要獎項者。他是深受全球學術界尊崇的昆蟲學科學家，尤其專精螞蟻學，經他命名的蟻類新種就有四百五十種左右，這個數字令人羨慕與敬佩，更教人好奇他是怎樣辦到的。從他的《博物學家自述》（即坊間出版的《大自然的獵

人》）裡，我們可以推究其中若干原委：他從幼童時期起即對自然生命充滿好奇並勤於觀察，對動物行為的原由窮追究理。

這本《半個地球：探尋生物多樣性及其保存之道》是他成於八十六歲高齡的作品，距離他第一本書《島嶼生物地理學理論》有整整五十個年頭。以耆老之齡還苦口婆心的告訴我們地球生命多樣性正處於存亡的關鍵，可見他是多麼地憂心、多麼地迫切想為地球生命尋找活路。在這本書裡，威爾森主張，把地球的海陸面積各劃出一半為某種程度的保護區，可以保存八成當下倖存的物種。如此，也能保留物種所依賴的生態系與體內演化適應的基因，同時保障人類物種的生存。

在本書裡威爾森揭櫫自然需要半個地球的三大原由：一、棲地喪失或劣化造成生物多樣性淪喪；二、目前的保護面積不足以遏止生物多樣性的喪失；三、人類滅絕其他生命是失德敗行的作為。然而，他樂觀地認為，人類亡羊補牢為時未晚；前題是讓出半個地球，讓天下的生靈有生存與繁衍的機會與空間。

威爾森是個學識淵博、知識廣泛、經驗豐富、樂觀博愛、擇善固執的學者。他的建議高瞻遠矚，充分顯示他有悲天憫人的生命倫理觀，與對人性能悔悟改過的信心。在《繽紛的生命》裡，他特別從中國的六千種藥用植物裡選出黃花蒿（Artemisia annua）為例子，說明保護植物多樣性的重要性。從黃花蒿提取的青蒿素是治瘧疾的良藥。世界衛生組織的報告指出：二〇一五年裡，全球有二億多人罹患瘧疾，死亡人數接近四十三萬。同年，中國醫藥學家便因為從黃花蒿中提煉出「青蒿素」治療瘧疾的成就獲得

了諾貝爾獎，而這距離威爾森的忠告已是二十三個年頭！

在本書的〈生命的首善之區〉裡，威爾森極力推薦保留波蘭與白俄羅斯的比亞沃維亞查森林。不料，本書問世後才幾個月，波蘭當局即宣布要開始砍伐這片森林。該森林內有一萬二千種動物，也難怪作者大聲疾呼要保留這塊歐洲碩果僅存的大面積原生林。然而，言之者諄諄，利益薰心者聽之藐藐。

當代生態學界極具爭議性的熱門議題是「人類世」（anthropocene）之說法。人類世是指人類活動對地球環境造成巨大衝擊的這段時期，指其所造成的衝擊之大足以構成一個明顯的地質世代。支持這個說法的人認為，這個行星已經沒有稱得上是原始的野境。所有的自然是用來服務人類，把所有野生動植物圈養在地球上，供人類使用，為經濟效力；地球應該是完全為「人有、人治、人享」的樂園。

持人類世觀點的信徒又宣稱，已滅絕的物種可以用最新的基因學科技獲得重生，讓它們再度漫遊在這個世界上。他們不惜投入鉅資，正在嘗試用基因組方法讓滅絕了一萬多年的長毛猛瑪象重新回到人間，再度漫遊在北極凍原帶。

威爾森對於這種人類中心主義的論調深不以為然。他在本書裡不但嚴厲駁斥這種不負責任的做法，認為這會招來生態災難，並且努力為倖存的野生生命辯護，爭取它們的生存權。這半個地球面積的芻議，便是為演化了數十億年的倖存生物請命。

筆者在翻譯這本書的過程中碰到若干翻譯上的困難。物種的中譯名字即是其中之一。書中提到的許多美國的原生種，所使用

的是英文俗稱，即使查出這些物種的拉丁學名，也沒有標準的中譯名可遵循。當出現這種情形時，我會把原書裡所用的名字用括號括起來放在該試譯的中文名後面，有興趣的讀者可藉此追蹤。

　　另外，我用「生命圈」取代過去常用的「生物圈」；用「基因學」取代過去常用的的「遺傳學」。生命圈（biosphere）的簡單定義是：「指地球上有生命形式存在的空間，包括全球的所有生態系。」換言之，生態系是一類生命形式，不宜稱為一種生物，因為生態系包括非生命的環境。現代的基因學（genetics）是研究活生物體的基因、基因變異及遺傳的科學，而遺傳學（science of heredity）只是研究子代獲自親代基因信息的傳遞現象與過程。兩者應有所區別。

　　作者威爾森的每一部著作無不為讀者帶來豐富的知識與鼓勵，也總是給予行動指南，我們不能不感謝作者的苦心，同時感受到他愛生命的熱情與情操。

（本文作者為生態學學家）

原序

人類是什麼？

生命世界的說故事者、編神話者、摧毀者；情理不明、
情緒混亂、信仰模糊的思考者；更新世晚期靈長類演化
的意外幸運兒；生命圈的中樞大腦；有無限的想像力、
有窮理的動能，在一個衰敗的行星上，卻爭做高高在上
的主人，不願屈就為僕人；天賦的常勝者，無限的適應
演化力，也有能力持續生命圈直到永遠，卻傲慢自大、
魯莽冒進、傳承致命的個人與自利部族、目光短淺；對
想像的神卑躬屈膝、對比自己低下的生命則鄙視不屑。

這是歷史上的頭一次，一群思維能超前十年有餘的人們，發
展出了一股信念：我們正上演著一齣地球的死亡之戲。人類抱緊
這個行星的力量不但不夠強大，反而越來越微弱。我們的人口多
到讓人失去安全感且感覺不自在。大地的信息告訴我們，淡水量
越來越不夠用，大氣與海洋汙染越來越嚴重。除了微生物、水
母、真菌外，氣候正在變得不利生命，許多物種早已命在旦夕。

由於人類惹出的諸般問題是全球性的規模且層出不窮，且由於過河之卒的底限即將逼近，這些問題不能分開解決：只有那麼多水可供應頁岩油的裂解作業，只有那麼多雨林的覆蓋可栽植大豆與油棕，只有那麼大的剩餘天空可儲放過量的碳。

就在當下，我們心中沒有特定的目標，卻又卯足全力，恐懼不安地走向經濟成長、縱慾消費、衛生保健、個人幸福之途。這對生命圈的其餘部分是全然的負面衝擊。地球環境已變得不穩定也不舒適，我們的長遠未來變得無常。

我撰寫的這本《半個地球》是三部曲中的最後一本。這套書是寫人類物種如何成為人類世（the Anthropocene Epoch）的設計師和統治者，其影響所及將遍及所有生命，涵蓋我們人類及整個自然世界，直到長遠的地質年代。在《社會征服了地球》（*The Social Conquest of Earth*）裡，我描述為什麼進步的社會組織體系罕見於動物界，為什麼遲至三十八億年地球生命史的晚期才實現。我翻遍文獻，尋找顯示此現象出現在一種大型非洲靈長類身上的證據。

在《人類存在的意義》（*The Meaning of Human Existence*）一書中，我也翻遍文獻，回顧科學論著告訴我們有關人類的感覺系統（居然極其遲鈍）與道德論據（矛盾且薄弱），及此兩者（感覺系統與道德論據）均為當代人類的大議題，但為何內涵卻空洞至此。無奈地，我們還是這生命世界的生命物種，且不可思議地很能適應我們先前的生命環境所留下之獨特狀況；但悲哀的是，此已非原來的環境，或已是由我們創造出的環境。就肉軀與靈魂而論，我們是全新世（the Holocene）的後裔，全新世創造了我

們；但對緊接而來的人類世，我們的適應能力還差得遠。

在本書《半個地球》裡，我主張只把這個行星表面的一半交還給自然，我們才可期望拯救這個行星內數不清的各種生命形式。＊我會指出人類的動物本性，與其社會及文化的才華之獨特融合，正開展人類與其他生命走向極可能毀滅的路途上。人類需要更深入地了解我們自己及其他生命，而這些卻是人文科學與自然科學尚未提供的。聰明的作為是我們儘快尋覓出路，別深陷於頑固宗教信仰之熱狂泥淖，我們也得自無所適從與粗淺的哲思中掙脫。除非人類學到更多關於全球的生物多樣性，並採取快速的行動去維護它，否則喪失大部分組成地球生命的物種是指日可待的。此半個地球的提議是一個首度的、緊急的，且符合此重大議題的解決之道。我深信惟有至少騰出半個地球做為保留區，我們始能挽救地球境內的生命於狂瀾，達成我們自己圖生存所需的安定。

為什麼是二分之一個地球？而不是三分之一或四分之一呢？因為無論是先前已經設置的、或未來把小面積用甬道連起的區域，大的區域才能庇護更多生態系與其內的更多物種，已臻可持續的程度。隨著保留區面積的增加，其內能存活的生命多樣性也會提高。當保留區面積縮少，其內的生命多樣性也會依數學模式的預測，迅速地、往往即刻地、及大部分的永遠喪失。若以生物地理學方式綜觀地球上的主要棲地可以發現：在一半的行星地表面積內，各生態系的完整性及絕大多數的生命是可以被拯救的。

＊ 譯按：各種生命形式指各種基因、物種及生態系。

若有一半或更大的地表面積，地球上的生命就能進入安全區。在半個地球之內，依據現存的生態系來計算，有八成以上的物種可安穩存活。

另外，在心理上保護半個地球是第二個論據。當代的保育運動還做不到這個地步，因為這個目標還在進行中。此建議可推進當代針對最瀕危的棲境與物種保育運動的目標。我們了解到保育之窗正在快速闔上，保育工作必得殫謀戮力、增添更多的保護空間，一快再快地加緊努力，因為時間與機會稍縱即逝。

半個地球是新的概念。它是一個目標。人人都懂什麼是目標，也喜歡有目標。人人都要一個勝利之果，而不要一點一滴的緩慢進展之報導。人之本性渴望水落石出，讓他們的憂心與恐懼得以休止。如果敵人已軍臨城下，如果我們即將一無所有，如果癌症化驗結果即將成真，我們便片刻不得安寧。我們更深層的人性是抉擇更遠大的目標：既使困難重重，但若能取得斐然成果且普渡眾生，便在所不惜。戮力對抗異常，為眾生請命，便是人類最崇高的情操美德。

* 筆者首先於《生命的未來》（2002）一書中提出這般全球性擴大保留區的論證，並在《永恆之窗：一位生物學家在戈龍戈薩（Gorongosa）國家公園徒步之旅》（2014）一書中予以擴充。本書「半個地球」的概念，緣自托尼・希斯（Tony Hiss）於2014年《史密森期刊》（*Smithsonian*）中〈世界真能把半個行星保留給野生動物嗎？〉的建議。

Contents

第1輯　**人類問題的所在**

第2輯　**生氣勃勃的世界**

第3輯　錦囊妙計

第一輯

人類問題的所在

科學對地球上繽紛的生命形式大體未知。

但是，根據已發現並研究過的物種資料，

足以確認物種數量正以驚人速率急降，

這見諸脊椎動物與開花植物

——全是人類活動惹的禍。

《真菌集錦》（*A medley of fungi*）。
弗朗西斯庫斯・范斯特必克（Franciscus van Sterbeeck），1675。

I

第六次大滅絕

六千五百萬年前，一個十二公里寬的小行星，以每秒二十公里的速度猛烈地撞上現在墨西哥尤加坦半島的希克蘇魯伯（Chicxulub）海岸，撞出一個十公里深一百八十公里寬的大深洞，震得地球像個鈴噹般猛烈晃動。火山紛紛爆發、地震及酸雨接踵而來，高如山丘的驚濤裂浪遍及這個世界。煙灰遮蔽了天日，陽光穿不進地球，植物的光合作用銷聲匿跡。漫長的暗無天日，足以消弭大多數當下倖存的植被。在這殺戮的晦暗裡，氣溫如鉛錘般疾降，這個行星面臨火山爆發帶來的冬天。全球的物種消失了七成，恐龍家族的最後一代也難逃這個大浩劫。在世界上一些局部小地區，微生物、真菌及食腐蠅等生命就成為掌握這個活世界的主宰，它們好整以暇地取食動植物的殘軀。然而為時不久，它們的數量也跟著下降。

這個浩劫終結了地質史的中生代（Mesozoic Era，自二億五百萬年前到八千五百萬年前）的爬行類動物王朝，開創了新生代（Cenozoic Era）的哺乳類動物王朝。人類是這個新生代地位最高、也是最後的產物。

地質學家把新生代分成七個世，每個世皆有其獨特的環境與動植物類型，藉以區隔各世之別。最早的是古新世（Paleocene Epoch），持續了一千萬年，其間的生命多樣性是從中生代末期的大災變後演化回升而來的。其後的四個世依次為始新世（Eocene）、漸新世（Oligocene）、中新世（Miocene）及上新世（Pliocene）。第六個是更新世（Pleistocene），是大陸冰川擴張與消融交替的時期。

最後的世稱為全新世（Holocene），由地質學者正式確認，即是我們所處的時代。全新世始於一萬一千七百年前，正值最後的大陸冰川開始消融的時期。這個時期風和日麗，也可能是短期內地球生命史上物種數最豐盛的時期。

全新世的開端，人類剛剛定居於地球上幾乎所有可供生存的陸地。生命組織的所有三個層級都面臨了這一種新的威脅；其威力之大，極可能不亞於希克蘇魯伯海岸承受的小行星衝擊力道。生命組織的層級中首先是生態系，涵蓋珊瑚礁、河流與森林；其下的層級是物種，構成了生態系的生命部分，諸如珊瑚、魚與櫟樹等；最基礎的層級是基因，其指出每一物種的特有性狀。

在整個地質年代中，不乏大滅絕事件一再發生。大滅絕事件在地球的整個生命史中隨機發生，且幅度變化相異。但是，那些真正稱得上啟示錄等級的大災變，大約間隔一億年才發生一次；我們記錄了五個這般的最大災變，最後的一次即是希克蘇魯伯海岸事件。每一次事件之後，地球大約需要一千萬年來恢復生機。這也是為何人類啟動的滅絕常被稱為第六次滅絕。

許多專家認為地球已被人類改變得面目全非，因而可以認定

全新世已經結束，應代之以另一個新的地質世代。這個新的地質
世代該叫什麼名字，大家意見分歧。其中水生生物學家尤金・史
多謀（Eugene F. Stoerme，1937-2012）於一九八〇年代首創、並
受到大氣化學家保羅・克魯岑（Paul Crutzen）於二〇〇〇年加
持的名字——「人類世」（Anthropocene）一詞受到普及採用，也
就是「人類的世代」的到來。

　　把人類世提出來的說法是可取的，且可採用以下的思維方式
明白詮釋。假設在久遠的未來，地質學家向下挖掘距今數千年的
地層沉積物。他們會碰到一層層明顯不同、受到化學作用而改變
的土壤。他們會確認有氣候劇變下發生的物理與化學作用信息。
他們也會挖掘出大量栽培的植物與馴養的動物之遺體化石，而這
些化石出現的突然及其分布的全球性，皆已非地球上人類出現前
的動物與植物組成。他們還會挖到殘留的破碎機器與致命武器的
展示處。

　　不知多少年後，地質學家或許會說：「悲慘的人類世，是惡
質人性與光速般進步之科技的結合產物。這對人類與其他的生命
來說，是多麼可怕的年代。」

《歐洲的樹林水岸》（*The edge of a European woodland*）。
阿爾弗雷德·艾德蒙·布雷姆（Alfred Edmund Brehm），1883-1884。

2

人類全靠生命圈

生命圈是指這個行星上在某特定時間內生物體的總稱。它包括讀者閱讀這句文字時，這個行星上所有的植物、動物、及微生物的總和。

生命圈的空間分布的上限最高處，是被風暴掃到數萬公尺高（甚至可能更高）的細菌所組成。該處高空的塵粒有百分之二十是細菌，其餘是無機物的塵灰。有些種類的細菌被認為會重覆製造塵粒，並靠植物的光合作用來繁衍或靠有機殘體為生。這些高空流動的氣層，能否也稱得上是生態系呢？眾說紛紜，莫衷一是。

生命圈的下限有生命之處，科學家則稱做深海生命圈。在那低於陸地與海平面下三公里處的底緣，冒出熾熱的熔岩，孳生著細菌與線蟲（圓蠕蟲）。科學家發現在此地獄般的地層棲息著極少數的物種，靠著環繞它們周邊的岩石，取得能量與物質生存著。

與其巨大的行星比較，這整個生命圈的厚度薄如刀片、輕如鴻毛，且幾乎不具重量。它像抹在地表的一層薄膜，若只靠肉眼

從地球大氣層外的太空船上俯瞰生命圈，是看不見其踪影的。

自譽為生命圈之主宰且成就非凡的我們，認定自己有權為所欲為地駕馭所有其他的生命。在地球上，我們的名字是「掌權者」。《聖經》上所記載的、上帝對約伯的作弄挑戰，再也嚇不倒我們。

> 你曾進到海源，或在深淵的隱密處行走嗎？
> 死亡的門曾向你顯露嗎？死蔭的門你曾見過嗎？
> 地的廣大你能明透嗎？你若全知道，只管說吧！
> 光明的居所從何而至？黑暗的本位在於何處……？
> 誰為雨水分道？誰為雷電開路……？
>
> ——《聖經》，欽定版。（約伯記 38：16-19, 25）

不錯，我們多少都做到了一些。探險者下過馬里亞納海溝，在那海底最深處目睹悠游之魚，並帶回微生物標本。他們甚至曾遠離這個行星，可惜未能靠近默然的上帝。我們的科學家與工程師發射太空艙與機械人到太空，鉅細靡遺地探測我們的太陽系內之其他行星與飛越的小行星。很快地，我們將有能力抵達許多其他的恆星系統，及其外環繞的行星。

然而，我們本身、我們的軀體，仍然是當初數百萬年前演化之初那般的羸弱。我們仍然是絕對要依賴其他生物的生物。我們僅能從生命圈擷取東一塊、西一點的小東西，製造人工品來苟且偷生；且即便如此，我們還是處處受到掣肘。

我們完全受制於軀體的無助是必然的。我們必得遵守軍隊與

其他在求生訓練所示的三大規條：**沒有空氣只能活三分鐘；沒有掩體或適合的衣物，在寒冰下只能活三小時；沒有水僅能活三天，及沒有糧食僅能活三星期。**

　　人類的身軀為何如此虛弱、如此依賴他物呢？同樣的理由，生命圈的其他物種也相對的體弱與需要依靠。即使虎與鯨也需要特定生態系的保護。每一物種各自有其弱點罩門，各自有其受制的三大規條。例如，如果你把湖水變酸，某些物種會消失，但也有物種會活下來，因為滅絕的物種會成為某些殘存物種的糧食，也可做為掠食動物的保護傘。但是，殘存的物種到了某個時點也會步上消失的後塵。這類相互間的族群效應，科學家稱作「密度制約規則」，是所有生命逃不了的宿命。

　　教課書裡經常採用的一個「密度制約規則」例子，即是狼對協助樹木生長上所扮演的角色。美國的黃石國家公園附近只有一小群的狼，卻大大地減少同區域內赤鹿的數量。* 一隻狼在一星期內可吃掉一整隻赤鹿（狼飽食一頓後，幾小時就可消化掉），而一隻赤鹿在一星期內可啃掉一大片白楊樹苗。甚至僅僅此類犬科頂級掠食動物的存在，就足以嚇走附近的赤鹿群。當公園內有狼群，赤鹿能啃掉的白楊樹苗就會減少，白楊林就會欣欣向榮。當移除了狼群，赤鹿便會回來，白楊樹的成長就快速下降。

　　印度的孫德爾本斯（Sundarbans）國家公園的紅樹林及孟加拉的孫德爾本斯保留林，其內虎的功能如同狼，會捕食並減少花鹿、野豬及獼猴的族群；不幸的是，人也難以倖免地遭到虎吻。

---

* 譯按：elk，在美洲稱赤鹿；古歐洲稱駝鹿。

虎也可增加其他動植物的數量，讓生物多樣性更為繽紛。

生物多樣性整體可形成一道保護盾，保護其內組成多樣性的各個物種，也包括我們人類。試問，除了因人類活動而滅絕的物種外，如今若再取走餘下物種的百分之十、百分之五十，或百分之九十，自然界會變成怎樣呢？隨著越來越多的物種消失或瀕臨滅絕，殘存的物種亦會隨之加快腳步，走向滅絕之途。在若干案例中，這種效應幾乎立竿見影。曾是北美東部優勢樹種的美洲栗樹，感染到一種亞洲真菌的栗疫病菌，使栗樹死到幾近滅絕；有七種幼蟲吃栗樹葉的蛾類，也隨之消失；還有，最後僅剩幾隻的旅鴿，也隨之墜入滅種的深淵。滅絕的物種數目扶搖直上，生物多樣性達到傾頹點，生態系亦隨之分崩離析。科學家才正要開始研究，在什麼狀況與什麼時候，這個大災難最可能發生。

在一真實的災難情節中，一處棲地可被外來種整個盤據征服。這並非好萊塢的劇情。每一個進行生物多樣性調查統計的國家均發現，已成功盤據的外來種數量都以倍數暴增。在這些外來種中，有一些對人類或環境，或兩者，都造成某種程度的傷害。美國總統的行政命令政策應該確定所有「入侵物種」的名字。若干一小撮入侵種的殺傷力極為巨大，可釀成到大災難的等級。這些深具破壞力的物種早已家家耳熟能詳了，名單亦在快速增長，包括進口的紅火蟻、印緬乳白蟻（「吃掉紐奧良的印緬乳白蟻」）、舞毒蛾、翡翠色的窄吉丁蟲、斑馬貽貝、亞洲鯉、泰國鱧魚、兩種蟒及西尼羅病毒等。

入侵種來自於世界各地，它們原是已活了數千年的原生種。在原鄉，它們與其他原生物種已能適應原鄉的自然，具有掠食

者、被獵者及競爭者的功能，它們的整體族群都受到各種控制。在其原鄉，我們看到這些入侵種各自適應草地、河岸及人類偏好的棲地。進入美國的紅火蟻，在牧草地、住宅庭院、馬路兩旁等地適得其所；被牠螫到的那種熾焰感，活像來自南美洲的酷刑。牠們只分布在南美洲原鄉的草地與平原，規規矩矩地待在那裡。（在此敬告讀者：外來的火蟻是筆者做田野調查與實驗室內研究的優選對象。我曾經把手伸進入蟻巢一下子，做為影片表演的鏡頭；不出數秒，就已被憤怒的工蟻螫咬了五十四處。不出二十四小時，每個針螫之處變成小小的膿疱，奇癢難耐。我的忠告是：千萬不得伸手到紅火蟻蟻巢內，更別談一屁股坐上去了。）

　　有許多入侵種並不會到居家住宅之處，但對自然環境可能的危害相當大。有一種小火蟻（牠是我研究的另一種火蟻），個頭比常見的紅火蟻小，是南美洲雨林的原生種，密密麻麻的小火蟻會成群爬過熱帶雨林。在蟻軍行過之處，單隻跗節（昆蟲的「單手用」名詞）能輕易地格殺路徑上所有棲息於落葉層與土壤的無脊椎動物。

　　另一個可怕的棲地殺手是林棕蛇，是一九四〇年代末期意外自新幾內亞或所羅門群島引入關島的外來種。林棕蛇專吃尚在繁殖中的鳥，因此關島的數種燕雀無一倖免。

　　所有證據都在反駁某些少數作者的說詞——他們認為經過一段時間，入侵種會與原生物種相安無事的共處，形成一個穩定的「新生態系」。正巧完全相反。唯一證實可阻止生命世界動盪不安的方法，就是儘可能保護大面積的土地，以及讓原生的多樣性生物得以安居其內。

　　人類無法脫離物種相依為命的鐵律。我們並非事先被安排好的入侵種，然後放到如伊甸園般的世界；我們也不是經天意授權而來統治那個世界。生命圈並非我們所有；反之，是生命圈擁有我們。環繞我們身邊的生物是如此的美麗與繽紛，它們都是三十八億年間的自然擇汰下演化出來的產物。我們只是其中的一個現代產物，以一個舊世界靈長類的身分，僥倖來到這世界的物種。而這不過發生在地質時代的眨眼一瞬間。我們的生理與我們的心智都適應了生命圈內的生命，而這點我們也才剛開始有所了解。如今我們有能力保護其他的生命，但我們還是不計後果、不知長進地摧毀大部分的生命圈，將大部分生命圈的原貌改頭換面。

一隻在蛾幼蟲飼草寄主植物上的蛾的生活史（幼蟲、蛹、帶翅成蟲）。
瑪麗亞・席貝拉・馬里安（Maria Sibylla Merian），1679-1683。

3

生命多樣性還剩下多少？

理論上，生活在地球上的物種總數可被統計出來。假以時日，我們還可把總數估算到相當接近真實的情況。但是，現今此刻，保育科學家眼中的全球物種數普查工作已陷入各家之言莫衷一是的困境。我們發現，地球的生物多樣性就像是一座魔法之井。人類滅絕越多物種，發現的新物種就越多。但是，這點僅增加到現在每年摧毀的任一個估算量而已。我們必須用已知物種的大致滅絕率，去算出那些未知物種的滅絕率。目前為止，我還沒有理由假定此兩群（已知與未知）物種之間的滅絕率存有基本上的差別。這個事實衍伸出一個大困境，也是史上最大的道德問題之一：我們是否要持續破壞這個行星，以滿足我們眼前的需要，抑或要為了未來世代著想，找到終止大滅絕的方法？

如果我們選擇破壞之途，這個行星勢將步入「人類世」，一條不歸之路。那會是生命的末世，這個行星幾乎完全成為我有、我治、我享的時代。我要用另一個名稱叫這條路為「孤寂世」（Eremocene），即孤零的時代（the Age of Loneliness）。孤寂世基本上會是一個人類、作物、牲畜，及放眼望去盡是農地的時代。

要估量生命圈及其內生命減少率，目前最好的計算單元是物種。若以生態系（由物種構成的單元）來估量，其在認定範圍上的主觀性過強。試想單元是生態系的話：從山腳下的灌叢一步一步地變為山林，牛軛湖變為河流、河岸轉為三角洲、濕地的水變為水泉。另一方面，單元是基因的話：基因是決定物種性狀的單元，雖較能客觀估量與明確定義，卻更難解讀，且難以應用在分類學與生物學上的多重需要。

試想，你用雙筒望遠鏡就可估算一群飛過的林鶯，牠們從一個生態系（譬如林外的生態系）飛到另一生態系（譬如森林生態系），但要辨認出林鶯偏好的棲地就不容易了；若要透過定序DNA來辨識林鶯，除非捕捉或取得屍體標本，否則難度更大。

但是，更為重要的是，我們用性狀識別生物體的項目，如靠目視、聲音與氣味等，也是生物體本身採用的項目。若本著物種，我們可了解生命如何演化，以及各種生命形式在其解剖結構、生理、行為、棲地偏好及其他各項特性的組合上如何及為何獨特，進而得知其存活與繁衍之道。

生物學家的物種定義為：「組成某族群的個體具有大部分相同的性狀，在自然狀況下可彼此自由交配繁殖者，但不同物種間在自然狀況下是不能自由交配繁殖的。」教課書例舉的物種為獅與虎，分屬兩物種的動物。這兩種大貓科的動物關在同籠中會交配，但在自然界不會發生交配行為。在遠古時代，此兩種動物的地理分布有大面積的重疊：獅遍布整個非洲包括地中海海岸，東至印度，在印度的古吉拉特邦（Gujarat）仍有一小群獅；而虎則從高加索一直分布到西伯利亞的最東端。迄今，不論是古代或近

世紀，此兩種動物的野生族群間都未曾有雜交的報導。

瑞典烏普薩拉（Uppsala）大學植物學教授卡爾‧林奈（Carl Linnaeus）於一七八三年出版了一種分類系統；直至現在，生物學家仍然採用這個系統。林奈的目標是描述世上所有植物與動物的物種。他的學生們旅行各地，遠至南美洲與日本，在他們的協助下林奈記錄了約二萬個物種。根據澳洲生物資源研究的資料，到二〇〇九年止，物種數已突破一百九十萬種。自林奈時代起，有正式拉丁文雙名（又稱二名，如狼的雙名是 *Cania lupus*）的新物種數，每年約以一萬八千種的速率增加。因此，在二〇一五年時，有科學名字的物種數即突破兩百萬種。

但是，此一數字仍然遠低於存活物種的實際數目。所有專家都同意，地球仍然是一個我們所知不多的行星。科學家與大眾對魚類、兩棲類、爬行類、鳥類與哺乳類等脊椎動物還稱得上熟悉，這主要是牠們的體型較大，對人類的影響也顯而易見。我們熟知的脊椎動物是哺乳類，已知約有五千五百種。專家估計，還剩下數十種有待發現。

我們確知鳥類約有一萬種，大約每年會發現二、三個新種。而對爬行類的認識還算不錯，確知約有略多於九千種，預估還有一千種有待發現。已知魚類則有三萬二千種，或許尚有一萬種有待發現。至於兩棲類（如蛙類、蠑螈類、擬蠕蟲之蚓螈類），這些最不堪一擊、隨時會喪命的物種，比起其他陸生脊椎動物類，我們對其所知不多，著實令人詫異。已發現的兩棲類略超過六千六百種，而有高達一萬五千種存在但未登錄，數量驚人。另外，已知開花植物約有二十七萬種，尚有多達八萬種有待發現。

　　而大部分其他地區的生命世界，則與剛才的敘述截然不同。專家在估計無脊椎動物（如昆蟲、甲殼類與蚯蚓等），包含藻類、真菌、苔蘚、及其他較低等植物；以及裸子植物，包括開花植物、細菌及其他微生物時，其總數加起來的預估數差別甚為巨大，物種數從五百萬到超過一億不等。

　　二〇一一年，加拿大達爾豪西（Dalhousie）大學的玻里斯‧沃爾姆（Boris Worm）與其研究員同儕設計了一種新方法，估算已知與尚待發現的物種總數目。他們建議從整個分類目錄著手，從上往下、到個別物種為止進行評估。首先，以動物界所有的「門」（如軟體動物門與棘皮動物門）的數目作圖，然後依序所有的「綱」，所有的「目」、「科」、「屬」，到最後所有「種」的數目均分別作成圖。結果發現從門到屬的數目相對穩定，隨著時間（年）越長，各圖呈平順的上升曲線逐漸下彎。若觀看這類曲線圖形狀的物種曲線圖，則動物界存於地球的物種數預估值會合理的落在七百七十萬種。包括植物、動物、藻類、真菌與許多種的真核微生物（有粒腺體與其他微胞器〔organelles〕者）在內，真核生物的總數會達到八百七十萬種；誤差為上下百萬種。

　　但是，達爾豪西計算法可能低估實際物種數目，因為仍有許多物種尚待發現，田野生物學家亦早知其理由。這些生物學家深知，最會藏匿的物種往往罕見且活在狹窄的生態棲位裡，它們分布在小面積又偏遠的棲地，因此物種總數必較已發表的數據庫要多得多。

　　不論科學家之間對生物多樣性的共識為何，總數將會明顯、大大地超過至今已發現、並有著拉丁文雙名的二百萬種。很有可

能，專家已發表的地球上物種多樣性只占百分之二十，或甚至百分之二十都不到。從事生物多樣性工作的科學家，競相去儘可能發現每一大類的現存物種：從哺乳類、鳥類，到水熊蟲與海鞘、地衣、石蜈蚣與螞蟻、及線蟲等。我們在牠們消失前不僅不能置之不理，也不能讓牠們隱匿而不為人知。

大多數的民眾並未警覺到，保育地球所有的已存生命是科學的未竟任務。社會大眾媒體冷處理相關報導已不是新聞，例如「在墨西哥發現了三種新的蛙類」與「喜馬拉雅地鶇鳥其實是兩種」這樣的標題。這會誤導讀者相信科學界對活世界的探索已大抵完成，因此新物種的發現是值得顯目報導的事件。我的生涯中有大部分時間擔任哈佛大學比較動物學博物館昆蟲部門的主管，我可證實有如此誤導且愚蠢的印象；但實情是，新的標本一直川流不息地湧進各地的博物館與實驗室。大多數生物類群的新到標本堆積如山，往往非要等待數年甚或數十年，世界各地人數原已不足的博物館館長才會接觸到牠們。那些可提供生物學者使用的研究知識，如今可能無限期的延後。

如果依照目前的基本描述與分析工作的進度，如同我與其他人所指出的，我們要等到完全進入二十三世紀後，才能完成全球生物多樣性（所殘存的部分）的總盤點。再說，如果地球的動物與植物未能依專家指導的方式繪製成圖並予保護，則生物多樣性的數量，到了本世紀末會大幅縮減。在這場全球生物多樣性的科學研究與仍然數不清的未知物種消失之競賽內，人類正節節敗退。

從我自己的經驗可以充分說明分類學家的工作之負荷過重。

在我螞蟻學研究的一部分工作中，就是分類；對生物多樣性的生態與演化之研究來說，這都是絕對必要的首要工作。我這輩子已經描述了將近四百五十螞蟻新種，其中有三百五十四種都是大頭蟻屬（*Pheidole*）的物種。在此順便說明，屬是彼此類似的各物種群的總稱，且都是演化自同祖先物種的物種。例如，我們是「人屬」（*Homo*）動物，我們的祖先種包括「智人」（*H. sapiens*），其直接祖先種為「能人」（*Homo habilis*），其後是「直立人」（*Homo erectus*）。

　　「大頭蟻」源自希臘文「勤儉者」，是已知現存的十四萬種螞蟻中體型最大、物種最多樣的屬。我發現並命名的一種是梯形大頭蟻（*P. scalaris*），指該種兵蟻的頭部有明顯的梯狀刻紋。另一種是矛頭大頭蟻（*P. hasticeps*），因該種兵蟻的頭形似矛而命名的。第三種是自殺大頭蟻（*P. tachygaliae*），因該種螞蟻在*Tachygalia*※植物上築巢。阿氏大頭蟻（*P. aloyai*）是向古巴昆蟲學家阿洛瓦（D. P. Aloya）博士致敬而命名的，蓋首件樣本是他從野外採集到的；由我與比我早的分類學家依此方式命名數百種大頭蟻後，我已用光了希臘字與拉丁文字去形容再增加的新種。用採集者（像阿羅亞）與採集地點來命名，可幫上一點小忙。後來，我想另有一個解決這個惱人問題的方法。我請教國際保育聯盟（Conservation International, CI）的總裁彼得・謝立革曼（Peter Seligmann），可否請他推薦八位國際保育聯盟的董事會董事，對

＊　譯按：南美洲亞馬遜雨林內的一種長壽的冠層樹種，但是繁殖一次後會在數年內逐漸死亡。

全球保育工作卓著貢獻者。其中一位是董事會成員，也是我的朋友。現今已有他個人的螞蟻：哈氏大頭蟻（*Pheidole harrison-fordi*），也有一種叫做謝氏大頭蟻（*Pheidole seligmanni*）。

不論業餘或專業，當科學的博物學家與他們研究的物種混熟了，就像是它們的朋友。我在阿拉巴馬州立大學做學生的時候，我的一位啟蒙恩師，鱗翅目昆蟲專家拉爾夫‧契莫克（Ralph L. Chermock），他曾訓過他的學生：他說一位真正的博物學家應懂得一萬種生物體的名字。我自己從未達到這個數目字，我想契莫克也不見得辦得到。或許一位記憶學專家可以從圖像與博物館標本上成就這般功力，但單單擁有這種學識，他的心內與實質上不會有充實感。但是，契莫克與我卻更上一層樓。就我們徹底研究過的數百個物種，我們不但叫得出它們的名字，還知道它們歸屬的較高分類級：門、目、科。同時，我們也熟悉我們特別感興趣的許多屬。面對數千種標本時，我們能進一步鑑定它們隸屬的較高層分類級。比起那些或許是最專精的記憶學家，我們還會從生物學角度去描述這些標本的科學事實與個人心得。當然，知識的大空白總是免不了的，但我們言之有物，像是「那是一隻無肺螈（*Demognathus* 屬），或是其類似種。我見個數種無肺螈。這種很常見。牠們偏好陸地，但要很潮濕的棲地，美國東南部有好幾種。」或是，「那隻是分類上的避日目（solifugid）節肢動物；這些是晝行性的避日蛛叫做太陽蛛，有些人稱之為駱駝蛛；避日蛛略似蜘蛛，但在很多方面與蜘蛛不同。牠們行動敏捷，而我相信牠們都是掠食性動物；你在美國西南部的沙漠及整個非洲都可見到；我曾見過幾個標本。」或是，「噢，這是難得一見的生

物，牠是陸生渦蟲，是一種扁蟲。這是我生平見過的第二隻。渦蟲大多是水棲生物或海洋生物。但這隻是陸生種；我相信牠分布在全世界，可能是搭貨船意外入境的。」

大多數的人不覺得我們的行星外包了一層生氣盎然、物種繽紛的生命圈。尤甚者，對於支配這個世界的無脊椎動物，那些治理自然界的不起眼小生物，連最起碼的認識都闕如。一般人朗朗上口的動物名字不外乎是「蟑螂、蚊子、螞蟻、胡蜂、白蟻、蝴蝶、蛾、臭蟲、蝨子、螃蟹、蝦、龍蝦、蚯蚓」，加上少數幾種其他的動物，特別是那些讓他疼痛的動物種。對數百萬支撐著這個生命世界、甚至根本是讓我們能活下去的物種，我們都統稱為「小怪物」與「小蟲子」。籠罩在這無知的黑夜裡，我們痛苦地活在教育全面失敗與媒體關照偏差的環境。

普羅大眾為忙碌的生活已自顧不暇，很難寄望他們懂得拉丁文與希臘文，灌輸他們物種分類學的雙名制。但是讓大眾知道生物多樣性的偉大威力，即便只在自家附近隨手找到寥寥的幾種生物，必能為生活平添新奇的溫暖感與富足感。以博物學為職志的科學家會告訴你，恭逢生物遷移季節，目睹二十種林鶯、十來種的鷹，或是當地的每種哺乳類動物（除了猛獸外），是何種心感身受的體驗。

最後，信手拈來不拘哪種蝴蝶，在此當舉個例子來談。當我還是一個採集蝴蝶的青澀少年時，生命中的一次悸動是第一隻藍紫灰蝶入網的剎那，一顆畢生罕見的空中寶石。當時我並不知道牠的幼蟲是吃檞寄生的，檞寄生是一叢高高生長在樹冠層的寄生植物。後來我才知道，灰蝶就像是蝴蝶世界的林鶯；各種灰蝶的

絢麗耀眼顏色、地理分布範圍、棲地特性、寄主植物種類、族群數量或稀有罕見度的差別都很大。在這裡舉個北美洲東岸的二十二種灰蝶的名字為例：阿卡迪亞（Acadian）、紫晶（amethyst）、細帶（banded）、巴氏（Bartram's scrub）、珊瑚（coral）、早生（early）、愛氏（Edwards'）、黃褐（fulvous）、棉灰（gray）、紫藍（great purple）、赫氏（Hessel's）、山核桃（hickory）、刺柏（juniper）、金氏（King's）、錦葵（mallow scrub）、好鬥（martial scrub）、櫟樹（oak）、紅帶（red-banded）、紅潤（ruddy）、銀帶（silver-banded）、條紋（striped）及波紋（white）。（當然，各種都有其雙名制拉丁文的學名。）

　　每個物種都是值得觀賞的，各自有其長篇、燦爛的歷史故事，歷經數千年或數百萬年的漫長奮力求生後，在我們的這個時代奪冠而現身。牠們是龍中龍、鳳中鳳，都是在其特定自然環境內的求生專家。

印度大犀牛。

阿爾弗雷德·艾德蒙·布雷姆（Alfred Edmund Brehm），1883-1884。

4

犀牛的輓歌

世界上的犀牛現存有二萬七千頭。一個世紀以前，曾有數百萬頭犀牛奔蹄在非洲平原上，或漫步在亞洲雨林裡。犀牛一共有五種，但全都處在瀕危險境。現存犀牛以南方族群的白犀牛為大宗，分布在南非，並受到武裝衛隊的嚴密保護。

二〇一四年十月十七日，一頭名叫蘇尼（Suni）的北白犀死於肯亞的奧佩傑塔自然保護區（Ol Pejeta Conservancy）。牠的去逝使世界上最後僅存的北白犀數目減到只剩六頭，其中三頭在奧佩傑塔、一頭在捷克共和國德武爾·克拉洛維（Dvůr Králové）動物園，另兩頭在美國聖地牙哥野生動物園（San Diego Zoo Safari Park）。這幾頭北白犀都已屆高齡，且沒有後代。一來牠們殘存的族類四散於各地，二來在豢養下的北白犀一般來說難以繁殖，因此北白犀在生理機能上已然滅絕。即便把牠們自然的長壽考慮在內，但幾可確定，牠最後的族類到了二〇四〇年也將死去。

在此同時，黑犀牛的西部族群已完全滅絕，個體早已杳無蹤跡，連豢養的也沒有。曾經有一度，這些具有長而彎角的龐大動

物是非洲野生動物的象徵。牠們為數眾多，遍布於喀麥隆到查德的稀樹草原與乾旱熱帶森林之間，南至中非共和國、東北至蘇丹。牠們的數目開始逐漸減少，始於殖民時代的狩獵者，接著是盜獵者；盜獵者割取犀牛角，做成儀式用的匕首刀柄，主要在葉門，但也見諸中東其他地區與北非。最後致命的一擊，則來自中國與越南。他們將犀牛角粉做為傳統中醫的藥材，且需求龐大。增加的消費量係因毛澤東的煽風點火所致：他青睞傳統中醫，輕視西方醫學。迄今犀牛角粉仍廣泛用來治病，包括性功能障礙與癌症。中國的人口於二〇一五年已躍升至十四億，因此只要當中有極微百分比的人們訪求犀牛角，對犀牛而言就是天大的災難了。每公克犀牛角粉價格已飆至與黃金等價。然結果真是既苦又辣的反諷：犀牛將步入滅絕之境，即使犀牛角的醫藥效果並不比人類指甲好。

犀牛角市場招致了一批盜獵之輩與不法之徒。他們志在趕盡殺絕，不留一隻活口；他們不惜以生命做為代價，只為了一個雙手可捧的無生命之物。對所有的五種犀牛來說，面臨的衝擊似乎無寧之日。在一九六〇到一九九五年間，西黑犀牛的族群減少了百分之九十八。一九九一年，牠們的最後據點喀麥隆還有五十頭，但到一九九二年就只剩下三十五頭。盜獵者的追殺步步進逼，喀麥隆政府也束手無策，找不出解決之道。到了一九九七年，只剩下十頭黑犀牛。黑犀牛與白犀牛不同，白犀牛往往相聚成群，可多達十四隻（巧的是，英文字的犀牛「群」稱呼，與「撞毀」同一個字）；但黑犀牛除了繁殖期外，平常都是獨來獨往。在西黑犀牛的最後時日，殘存者散布在喀麥隆北部的廣大地

區，其中僅有四頭相距夠近，有相遇與交配的機會；但事與願違，最後全都遭到獵殺。數百萬年的榮耀演化，劃上了休止符。

目前全世界最罕見的陸地大型哺乳動物是爪哇犀牛。做為棲息在濃密雨林的居住者，爪哇犀牛原初分布於泰國到華南一帶，之後則進入印尼與孟加拉。直到最近，還有十頭爪哇犀牛隱密地生活在越南北部一片未受保護的森林裡，大體不為人知，且該地已劃設為吉仙國家公園；不久後，牠們的聲名遠播，所有的犀牛都遭到盜獵者的毒手。最後一頭在二〇一〇年四月慘死於獵槍口下。

現今碩果僅存的爪哇犀牛族群，位於爪哇島最西端的烏戎庫隆國家公園，全數不到五十頭（有位專家告訴我是三十五頭）。在這種情況下，只消一場自然大災難，或是一小群嗜殺成性的盜獵者，一夕之間爪哇犀牛就會無一倖免。

另一個罕見度及危機度與爪哇犀牛不相上下的，是蘇門答臘犀牛，生活在亞洲濃密雨林的另一個物種。蘇門答臘犀牛與爪哇犀牛一度普遍分布在東南亞地區；曾幾何時，農耕地霸占牠們大部分的棲地，加上盜獵者的覬覦，蘇門答臘犀牛現今幾乎只侷限在數個圈養的動物園，及在蘇門答臘面積日縮的森林裡；也許還有幾頭，隱藏在婆羅洲偏遠的角落。

從一九九〇年到二〇一五年間，全世界的蘇門答臘犀牛族群數邊降為三百頭，然後是一百頭。在獸醫師泰瑞・羅斯（Terri Roth）與她在美國辛辛那提動物園與植物園的隊友努力下，她們用人類的現代繁殖科技拯救犀牛，堪稱是一項壯舉。如今她們成功繁殖了三代犀牛，且小心翼翼地把幾隻首創的犀牛周全護送回

蘇門答臘的保留區。這套過程不但費時費事、困難重重、花費昂貴，而且成敗難卜。況且，總是有一批日以夜繼的覬覦盜獵者，為了眼前的一隻犀角與終身的溫飽，甘願賭上性命。

如果，捕獲後飼養的工作人員與印尼公園的守衛沒能達成任務，蘇門答臘犀牛便會因此消失。一個特殊的大型動物血脈就此中斷，數千萬年來漫長的演化也歸於塵土。蘇門答臘犀牛的最近親緣是北極的毛犀牛，牠們在上一個冰河期消失了，可能是被石器時代的獵人逼死的。這些獵人（至少在歐洲）在洞穴壁上為犀牛作畫自娛，如同現在的我們也從中得到樂趣一般。

一九九一年九月底，我應愛德・馬盧斯卡（Ed Maruska）園長之邀訪問辛辛那提動物園，去要看一對新近在蘇門答臘捕獲、從洛杉磯動物園專程送來的蘇門答臘犀牛：一隻叫埃咪（Emi）的母犀，及另一隻叫依普（Ipuh）的公犀。雖然兩頭犀牛都還年輕力壯，但不被期望能活太久，因為蘇門答臘犀牛的壽命與家犬一般不相上下。

近晚，我們抵達動物園旁邊的一座空倉庫。陣陣震耳欲聾、古里古怪、無關動物園管理的搖滾樂轟擊著倉庫的內牆。馬盧斯卡解釋說，這噪音是為了保護犀牛。偶爾飛機會來來回回地低空掠過，飛向鄰近的辛辛那提機場；有時突如其來地，還會有警車尖嘯聲，及隔街疾駛而過的消防車呼嘯聲。深夜裡突發的噪音會驚擾犀牛，造成衝撞而傷到自己。搖滾樂的演奏聲勝過同樣大聲但突然地、諸如樹倒下的轟然聲或虎的接近聲，那是牠們家鄉真正的危機所在；或是獵人的腳步聲——從原始到現代，蘇門答臘犀牛在亞洲獵人的視線下已暴露了超過六萬年之久。

　　當晚，埃咪與依普被分別關在超大的籠裡，如雕像般立著，我真不知道牠們是否入睡了。當我們走向這兩隻犀牛時，我問馬盧斯卡是否可摸摸牠們。他點了頭，我摸了牠們。我用指尖輕輕地、快速地滑過。在當下，一陣神聖與永恆的感覺襲上心來，那是難以用文字表達的感覺——就是現在，內心也不可名狀地起伏。

綠蠵龜與人類。

阿爾弗雷德・艾德蒙・布雷姆（Alfred Edmund Brehm），1883-1884。

5
現代啟示錄

我們到了熱帶林，可以說一隻兩棲類動物都沒有遇著，
然而過去這裡的兩棲類動物有數十種之多。我們目睹了
物種的集體滅亡。我們努力把疫區裡瀕危的兩棲類動物
空運出來，放在野外與實驗室裡飼養與繁殖，研究尋求
解決方案。結果一敗塗地，無一倖免。我們對治療野生
的族群還是束手無策。兩棲類的不斷喪亡全球皆然。我
們也見不到兩棲類族群有明顯回復的前兆。更糟的是，
危害牠們的真菌還在環境裡，無法讓捉回來的兩棲類動
物重返原棲地。

田野生物學家凱倫·李普斯（Karen R. Lips）與喬瑟夫·孟
德爾森二世（Joseph R. Mendelson II）如此描述蛙類的災
難。他們說是致命的壺菌造成的，其學名是蛙壺菌（*Batrachochy-
trium dendrobatidis*），一個令人生畏的菌類。藉著過去運送蛙類
之際，壺菌在世界各地的淡水水族館間廣為散布。其中有些蛙類
意外受到感染，命運乖舛的非洲爪蟾（*Xenopus*）便成為生物學與

醫學研究之物種的帶菌者。雪上加霜、惡運連連的是，壺菌還會取食蛙的整片皮膚。以皮膚呼吸的成蛙因此死於窒息與心臟衰竭。

追殺之役並未落幕，近來又有第二種壺菌參戰。一如蛙壺菌是蛙類的剋星，同一屬的親緣蠑螈壺菌（*Batrachochytrium salamandrivorans*）則鎖定蠑螈，其種名、即學名的第二個拉丁字意為「噬蠑菌」。蠑螈壺菌在寵物交易的過程裡以搭便車方式從亞洲偷渡潛入歐洲，百分之九十八的蠑螈因而喪命。蠑螈壺菌不動聲色地威脅溫帶與熱帶美洲物種多樣的蠑螈群，名列特別危險的寄生菌。

入侵蛙類與蠑螈等兩棲類動物的壺菌，可堪比擬成十四世紀橫掃歐洲、造成人類大量死亡的黑死病。在此兩大災變中，降臨的死亡邪惡成為達爾文式的演化論悲劇之災。這兩種掠食生物侵入新大陸後，發現了豐富的糧食供應。它們的族群暴增，在消滅了過多的獵物後，終至無可遁逃地讓自身步上衰微之路。人類沒能救活此兩棲類動物，尤其時至今日，蛙類的保育連連挫敗。我們應該預先考量到這點，並阻止此種殘酷的動物疫病之蔓延。

蛙類與蠑螈是重要的掠食性動物，有助於穩定潮濕的森林、河濱、及淡水濕地的生態。在脊椎動物中，牠們是我們最溫順的鄰居，有如鳥類，只不過活在爛泥、灌叢的葉上，及林地的落葉層內。牠們體型優美、體色斑斕多彩、行為溫和。蛙類於交配季節會齊聲合奏，在美洲熱帶地區有時會多達二十種蛙同時唱和，每種有其自己的歌曲。剛開始乍聽之下似乎雜亂無章，但闔上雙眼，牠們精確與各異的樂譜，可讓你辨出彼此，正如你欣賞管弦樂團的演奏。在一年中的其他時間，蛙類各自分散他處。此時要是牠們高歌一曲，那會是另一種歌聲，所存位置隱密；那是在演

化的設計下，跟同種其他個體標記各自領域的聲音。

　　蛙類是令人憐憫的無助動物。當濕地與森林遭到干擾，牠們是第一批消失的物種。其中有多種只能活在某些特定的棲地，如淡水沼澤，或各種瀑布、岩壁、樹冠層、及高山濕草原等。如今，科學家幾乎為時已太晚才發現，竟有外來引入的疫病可一舉將整個群體殲滅殆盡。

　　我不得不一再強調入侵物種造成的威脅。有一些作者（幸好人數不多），天真地認為過了一段時間，外來植物與動物會形成「新的生態系」，而這些新形成的生態系可取代被我們及隨著我們趁虛而入的物種所消滅的自然生態系。已有證據顯示，一些外來植物物種在島嶼環境中會「歸順」＊，換言之，天擇作用促使外來植物的基因適應這些島嶼環境。但是，這種狀況只發生在當地植物物種的多樣性不高，且提供了較足夠的生態區位空缺，才能讓外來種趁虛而入而立足。

　　讓任何外來種登堂入室，相當於生態上的俄羅斯賭盤。滅絕左輪槍的槍管有幾個旋轉彈膛？上了子彈的彈膛機率又有多少？答案端視外來客的身分，及其在客鄉是位於何種生態的棲位而定。歐洲與北美洲的植物大體符合入侵生物學的「十個法則」：每十個進口種有一種會流向野外成為拓殖種，而每十個拓殖種有一種會繁衍與擴散，足以構成有害生物。而對脊椎動物（哺乳類、鳥類、爬蟲類、兩棲類與魚類）而言，成為有害物種的比例較高——大約是四分之一。

＊　譯按：另譯「馴化」。

　　無可避免地，外來物種中的某些種會轉變成超級入侵種，不輸給入侵蛙類的壺菌。植物中的一種殺手是米氏野牡丹（Miconia calvescens）。米氏野牡丹原分布在墨西哥與中美洲，是一種可觀賞的灌木，大溪地的原生林有三分之二已被此入侵種盤據。米氏野牡丹長得高大如喬木，可形成樹林，濃密得所有其他的樹木與木質灌叢無立錐之地；除了一些小型動物之外，所有動物都受波及。原本夏威夷也險遭類似噩運，幸好有一隊隊的救難志願兵，尋遍非農地、拔除一株株的米氏野牡丹，夏威夷因而躲過這場入侵浩劫。

　　人類為入侵種新造的生態系付出昂貴的代價。到二〇〇五年止，僅美國一國，入侵種造成的經濟損失，估計達每年一千三百七十億美元；這還沒算進入侵種對本土淡水生物物種與生態系的造成的威脅。

　　太平洋群島的陸鳥，是另一種預言式大災變力量的受害動物。牠們的物種數量大量喪失，是所有脊椎動物群中受到打擊最重的類群。這一波的滅絕潮從三千五百年前啟動，隨著人類不斷登上西太平洋群島（薩摩亞、東加、萬那杜、紐卡立多尼亞、斐濟與馬里亞納），持續至九至七世紀前，彼時人類足跡抵達了最偏遠的夏威夷、紐西蘭、復活島等島嶼。今日，若干殘存的鳥類物種退到滅絕險境的斷崖邊緣，險象環生。太平洋群島的非雀形目鳥類將近一千種，其中有三分之二已滅絕。據此，地球上大約有百分之十的鳥種，被小小的一撮人在一次的開拓事件中一舉滅絕了。

　　我們公認夏威夷是世界上滅種之首位地區，自玻里尼西亞人

首度航海登島之始，繼之與後至的歐洲人與亞洲人不分彼此地暴行天下，滅絕了島上大部分的原生鳥類。他們滅絕的有：特有種夏威夷海鵰；一種不會飛的朱鷺；一種地面覓食、大小如火雞的鳥；及二十多種吃花粉的夏威夷管舌鳥。許多夏威夷管舌鳥的體型嬌小、羽色鮮豔，有長而彎的喙，可以伸入吸取管狀合瓣花的蜜汁。還有多至超過四十五種的鳥，於西元前一千年玻里尼西亞人登島後旋即消失了。繼之在兩個世紀前，首批歐洲人與亞洲人登島後，又有二十五種鳥類消失。令人想不透的是，一些最豔麗的已滅絕鳥類羽毛，卻還留在古老夏威夷皇室的斗篷上。

太平洋群島成為殺戮戰場的原因有二。首先，由於島嶼面積較小，且登島的殖民者人口成長太快，不久人口就氾濫成災。在一些偏遠小島上，獵捕量日漸減少。二○一一年，我在萬那杜（Vanuatu）的最大島嶼聖埃斯皮里圖州（Espiritus Santos）上目睹一個獵人手持強力的大彈弓，拎著一隻灰頭皇鳩（*Duculus pacifica*）特有種。那紅色鼻突的喙、潔白的身軀及烏黑的翅，真是燦爛無比，卻正被送往路庚維爾市（Luganville）的一家餐廳。

第二個大滅絕的理由是，這些島嶼鳥類在其演化過程中從未面對過具威脅性的掠食性動物，因此不知懼怕那兩腳行動的登島殖民者。（像蛇、獴、虎等動物，因為不善跨海，從未遷徙跨越太平洋到達這些島嶼。）

許多島嶼的鳥類演化成不會飛或不善飛的動物。這是在面積小、地處偏遠島嶼上生活的鳥類的常有性狀。因此，牠們成為了「滅絕生物學」的基本規律案例：最先遭殃的是那些行動慢、反應差、及可口的鳥類。

　　模里西斯島上的多多鳥是鳩鴿類的後代，其體型大得離譜，同時也不會飛，充分說明了印度洋的島嶼演化原則。首次登上模里西斯島的是於一五九八年的一批荷蘭水手。他們發現多多鳥肥腴、只在地面跑、毫不避人，只差鳥不會自己端到他們的面前，以供享用。根據紀錄，最後一隻多多鳥在人類眼前搖擺而過的時間是一六六二年。類似多多鳥的乖舛命運的鳥中，滅絕更早的是其近親的羅島多多鳥，牠是鄰近羅得利哥斯島的原生種。第三種滅絕的是完全不同種的鳥，叫做毛利隼。毛利隼是一種小型的隼，一九七四年面臨滅絕關頭。最後四隻被捕捉後，保護於一處鳥園內進行人工繁殖。等到後代數目夠多、得以安全野放時，會有幾隻個體被送回甚小面積的殘存野地。毛利隼在人類利益薰心下，數量一度少到無人關心，如今能殘存下來，靠的是人類一絲的憐憫心。

　　二〇一一年，我領著一小隊共事的生物學家，在太平洋的新喀里多尼亞群島的山上研究螞蟻。我目睹多多鳥事件正在上演。那是難得一見的鷺鶴，僅分布在西南太平洋法屬海外領地的大島。鷺鶴的數量一度很多，被指定為新喀里多尼亞的官方鳥，現在的族群量減到不足一千隻。這種鳥是典型的島嶼居民，只能任外來的人、狗及野貓宰割。牠的大小如雞、藍白色羽毛、顯眼的紅色直喙、淡紅色長腳，並拖著長長一排白冠羽。每當兩隻鷺鶴相遇時，冠羽會豎起、令人意想不到地散開，向對方展示。鷺鶴生活在濃密的高地森林內。牠們在地面覓食，吃昆蟲為主。雖然牠們的雙翼大小正常，卻不善長距離飛翔。

　　身為典型島嶼演化出來的動物，鷺鶴也是同樣令人心疼地溫

馴。當人們靠過去，牠就走開，偶爾藏在樹幹後頭，靜靜等待不速之客離去。我們團隊裡的一位學生，克利斯汀・拉伯林（Christian Rabeling）知道如何呼喚鷺鶴前來現身。我們的步徑上出現了一隻鷺鶴，拉伯林便大展身手，表演給我們看；他從未踏上過新喀里多尼亞，卻知道如何做。他信心十足地蹲下，用雙手撥動一堆葉子，發出沙沙的聲音。不久，那隻鷺鶴走了過來，查看那堆葉子。我們猜想牠這種毫無戒備的行為，出自於鷺鶴會靠著其他鷺鶴找到昆蟲與其他無脊椎動物的方式，找到牠的食物。然後，我們這批來客愉快地走開。若是一位不法的獵人，就可不費吹灰之力抓住牠的脖子。怪不得，有許多喀里多尼亞人與法國殖民在過去早期就是這麼幹的。

另有一種完全不同的棲地環境，就是溪流與面積不太大的水域，其內的物種極易滅絕。小溪、河流、池塘及湖泊，就如同被水環繞分布零散的島嶼，這類水域亦是被陸地環繞的「島嶼」。所有的淡水物種均面臨滅絕的高風險。由於每一個大陸洲（除了南極洲外）的人類與其他生物體都缺少乾淨的淡水，為了爭取同地區的淡水，人類與所有的其他動植物會直接發生用水的衝突。

立即會傷害淡水物種的是水壩。水壩可促進當地的經濟發展，但不幸地，它也是破壞水生棲地的大殺手。這些破壞的效應包括阻擋魚的遷徙、造成上游河水滯流與河床變深，以及河水污染。這些效應經常因水壩周邊土地開發及農業集約利用而加劇。風險最大的物種是鮭魚、鱒魚，及其他到上游繁殖的魚類。由於我來自阿拉巴馬州，我個人特別關心阿拉巴馬鱘魚。阿拉巴馬鱘魚極為罕見，每過幾年才會捕獲一隻。有段期間還認定很可能滅

絕了；然後，發現了另一隻。媒體非常關心阿拉巴馬鱘魚，牠又再度被歸類為「極度瀕危」的物種。

幾世紀來，揚子江的原生小海豚白鱀豚，為沿江的中國人所珍愛。到了二〇〇六年，三峽大壩接近完工時，卻再也找不到白鱀豚了。類似的例子在其他各大陸洲也屢見不鮮，其中最有名的在非洲。在二〇〇〇年，坦尚尼亞的烏德朱瓦山脈（Udzumgwa Mountains）的一座水力發電廠截流了注入吉漢西（Kihansi）峽谷百分之九十的江水，滅絕了一種體型小、金色的吉漢西瀑蟾（Kihansi spray toad），如今野外種已遍尋不著了，只有在美國少數幾處特殊設計的水族館中還有若干活個體。這個小動物遭遇的災難本身就應可提醒我們，全球各地的物種處在即將滅絕、或正行在滅絕的道路上。

很少美國人知道他們所建的水壩對野生動物造成的傷害之嚴重性。當代最大的衝擊是莫比爾河（Mobile River）與田納西河（Tennassee River）的水壩，兩條河流域的河水被截流後，造成了淡水軟體動物的消失。近數十年來，莫比爾河谷已有十九種貽貝（類似蚌的雙殼類軟體動物）及三十七種水生蝸牛消失。田納西河谷物種的喪失也不遑多讓。

為了讓你看清楚軟體動物物種的近期喪亡情況，我列出所有十九種已知滅絕的河川雙殼貝物種：庫薩鹿趾雙殼貝（Coosa elktoe）、糖匙雙殼貝（sugar spoon）、稜角湍雙殼貝（angled riffle-shell）、俄州湍雙殼貝（Ohio riffleshell）、田州雙殼貝（Tennessee riffelshell）、葉雙殼貝（leafshell）、黃花雙殼貝（yellow blossom）、細貓爪雙殼貝（narrow catspaw）、叉雙殼貝（forkshell）、南橡實

雙殼貝（southern acornshell）、粗刷雙殼貝（rough combshell）、史氏葉雙殼貝（Cumberland leafshell）、石山檀雙殼貝（Apa lachicola ebonyshell）、細紋袋書雙殼貝（lined pocketbook）、哈氏燈雙殼貝（Haddleton lampmussel）、黑棒雙殼貝（black clubshell）、庫夏豬趾雙殼貝（kusha pigtoe）、庫薩豬趾雙殼貝（Coosa pigtoe）、馬鐙雙殼貝（stirrup shell）。**安息主懷吧！**

軟體動物物種的命名很特別，往往表示牠們消失的所在；這與同一區域滅絕鳥類的命名（象牙嘴啄木、卡羅萊納鸚鵡、旅鴿、黑眼紋蟲森鶯等）相當不同。

如果你不覺得這些物種的部分消逝名單有啥重要（「只不過另一類河川貽貝，有什麼大驚小怪的？」），讓我在此談談牠們對人類福祉的實用價值：貽貝會過濾河水，並維持水質清淨，一如海灣及三角洲的蠔蚌——假使你還堅持要我提出眼下看得到的具體價值——牠們是水生生態系的關鍵環節、是（至少曾經是）食物與真珠貝的來源，有商業的價值。

如果貽貝與其他無脊椎動物對你而言是無關緊要的生物，讓我談談魚類吧。根據美國漁業學會（America Fisheries Society）的諾爾‧伯克黑德（Noel M. Burkhead）的說法，從一八九八到二〇〇六年間，北美洲已有五十七種淡水魚類少到幾近滅絕的地步。其原因很多，例如河川與溪流的築壩、排乾池塘與湖泊的水、堵塞河水的源頭，以及各類汙染。這全是人類活動促成的。根據保守估計，物種與品種滅絕的速率，是有人類出現前的八百七十七倍（彼時的滅絕率是為每三百萬年發生一起）。我在此公布河川魚類的部分名單，這份名單是未公開發布中較接近的魚名：馬拉維拉

斯 銀 光 魚（Maravillas red shiner）、 高 原 鱲（plateau chub）、
厚尾骨尾魚（thicktail chub）、歐氏閃鱵（phantom shiner）、清水
湖裂尾魚（Clear Lake splittail）、深水白鮭（deepwater cisco）、穆
氏裂鰭亞口魚（Snake River sucker）、小卡頦銀漢魚（least silver-
side）、默氏裸腹鮰（Ash Meadows poolfish）、白線底鱂魚（white-
line topminnow）、阿氏鱂（Potosi pupfish）、長背鱂（La Palma
pupfish）、墨西哥鋸花鱂（graceful priapelta）、猶他湖杜父魚（U-
tah Lake sculpin）、馬里蘭鏢鱸（Maryland darter）。*

　　最後，滅絕事件有其更深遠的意義與重大影響。當這些淡水
魚類與其他物種在我們的手上消失了，我們就拋棄了一部分地球
的歷史。我們剪除了生命樹的小枝頭，甚至整條樹枝。由於每一
物種都是獨一無二的，因此當我們闔上這本書之際，就立刻永遠
地失去了何其重大的科學知識。

　　滅絕生物學不是一個討人喜歡的話題。對於研究瀕危與剛滅
絕物種的科學家而言，一個物種的死亡是特別傷感之事。殘存於
地球上之生物多樣性正考驗著人類的道德高低與品質優劣。是我
們親手把物種數降到如此之低；如今，物種需要我們不斷的關懷
與保護。無論是教徒成非教徒，都應該把猶太教與基督教〈創世
紀〉中上帝莊嚴的教誨視為神聖：「**水要多多滋生有生命之物，
要有雀鳥飛在地面上、天空中。**」

_____

* 譯按：魚與貝類的中文名是按英文俗名翻譯，因為皆屬美國的特有
　種，學術界的中譯名十分缺乏，相關資訊可依英文俗名上網搜尋。

澳洲鷺鴇的求偶展示。
《倫敦動物學學會誌》,1868。

6

我們有如上帝嗎？

有些人相信，人類應接受我們造成的生態混亂——那只是一個光明前途的附帶傷害。未來學家史都華・布朗德（Stewart Brand）寫過：「我們有如上帝，且要做到盡善盡美。」我們認為地球是人類的行星，在未能百分之百征服這行星之前，得走過一條崎嶇道路。儘管途中會出現一點點騷亂，像是經濟崩潰、氣候改變、及宗教戰爭，我們始終還是越行越好。我們在地球上越行越快，越升越高，越探越深，並且對宇宙的觀察越看越遠。我們全人類的學習，在「大神」的應允下進度神速；我們這個小神，只稍敲幾下鍵盤，便可將全部的知識送給每個人。我們是整個新類型存在的先鋒。我們這樣的「智人種」（Homo sapiens），用兩腳行動，雙手無所不能，頂著一個密重的球形頭顱，是不可思議的靈長類物種，正邁開步伐走向未來！

在知識豐富的科學家與有想像力的好萊塢編劇者的夢裡，人類最終要什麼就有什麼。天文物理學家認為只要有意願，我們可在數萬年間，以光的十分之一速度往返於銀河系內兩千億個恆星。我們這個物種甚至認為只要握有足夠時間，就可征服整個銀

河系。這公式的算術很簡單：花幾百年，先占領距離最近與適宜人居住的恆星系統中的一個行星；再花上幾個世紀或數千年，在上面築一個文明世界；以此為據點，再乘坐一艘艘的太空載具，登上其他恆星系統裡的行星；如此持之有恆，最終占領整個銀河系裡所有適於人居的行星。其所需的時間可能長到讓人覺得辦不到，但已比人類開始演化到現在（但與生命在地球的全程相比，也不過只是一眨眼的事）所需的時間要短。

同時，運用你的想像力，我們可能達到如太空人尼古拉‧卡爾達舍夫（Nikolai Kardashev）稱作「第一型文明」的境界，即一個社會掌控地球上所有可利用的能源。據此，我們認為可邁向「第二型文明」，甚至逼近「第三型文明」，即控制整個銀河系的所有能源。

現在，我可以虛心請教大家，我們到底要前往何處？請誠實回答我。我深信地球上絕大多數的人都會同意下列目標：所有人都長生不老與活得健康、有用不盡的資源、有充分的個人自由、在虛擬與實境中隨心所欲地冒險活動、有社會地位、位尊職高、為知名社團的會員、有好領袖與好法律，及不必受生育制約而享受性愛。

但是，有一個問題。這些也是你家裡愛犬的目標。

讓我們回顧一下自己。我們實際上已高升到偉大的地位，雖然略遜上帝一籌，但也心滿意足。我們每個人、我們的部族、我們的人種，皆已登上地球的成就之巔。當然我們是這樣認為的。若任何其他物種具有人類等級的自覺，也會如此認為。若果蠅能思考，每一隻果蠅也會希望成為「偉蠅」。比起其他生物，我們

的智力是如此發達；我們真正把自己想成了半神，我們位居天使之下，卻在其他動物之上，我們的地位還在不斷往上提升。我們不假思索地想像人類的才華有如某種自動駕駛儀，它會引領我們前往一個未知穹蒼之頂，該處秩序井然與人人幸福。倘若我們自己尚無這個想法，我們的後代總會找到那處穹頂；在某天、某日、某種方式，他們會抵達彼處，做為人類的註定命運。

如此我們跟蹌前行，在充滿盼望的混亂裡，輕信天際之光是黎明而非晚霞。然而，無自知之明的我們對未來一無所知，這是危險的。處在第二次世界大戰危急邊緣的法國作家讓·布呂勒（Jean Bruller）所言甚是。他寫道：「所有人類的紛擾，都起源於無自知之明，也對未來的樣貌毫無共識。」

我們仍然太過貪婪、短視近利，並愚昧地分裂成相互爭戰的族群，而且猶疑不決。大部分時間我們的行為像是一群猿，為了一棵果樹爭吵。結果之一是我們改變了大氣圈與氣候，遠離了最適合我們身心的環境，並為後世製造更多窘境。

在如此當下，我們實在不必要摧毀大部分殘存的生物。發揮你的想像力吧！這是經過數億年才好不容易誕生的物種，而我們正消滅地球上的生物多樣性，彷彿它們跟雜草或廚房害蟲沒兩樣。我們曾有過一絲羞恥心嗎？

為了在行星出狀況之前能穩定下來，我們至少要明白我們人類這個物種到底是從何處誕生的，以及我們現在是什麼。有許多證據顯示，人類腦中確實有超然的目標，是大我與大部族。這些目標基本上最開始都是生物性的。了解生命的意義、知道我們懂得多少，及我們如何與為何有知識，這些正是所有自然科學與人

文學科的首要動力。了解人類演化的基本要素，並明智地遵照這些要素之間連結的方式去做，就有其偉大之處。所採取的形式可簡單表示如下：生命圈讓人類有思想，演化出的思想讓人類產生文化，文化讓人類找出拯救生命圈的道路。

對於那些必須相信神的人（誰有確證說他們是錯的？），我們希望那神不會像《聖經》〈約書亞記〉第十篇中所描述的嗜血戰神。祂的名字是耶和華，而祂停住天體運行協助以色列人去滅族亞摩利，保證以色列人得勝。為了祂的子民，祂命令道：

> 日頭阿，你要停在基遍；
> 月亮阿，你要止在亞雅崙谷。

或許較好的訓示反倒是保羅所說的，在他的〈哥林多前書〉信中，他勸告他們要從內心從榮耀之主取得智慧，並因此尋求：

> 神為愛祂的人所預備的，是眼睛未曾見過，
> 耳朵未曾聽過，人心也未曾想到的。

會思想的人大多忽略了，自知之明有其牢不可破的環節之鏈，自知之明是去想到他人都沒想到的，其中的一課是：我們並非如神一般。我們的知覺才智尚缺，不足以超越萬事。我們如果持續扮演那種偽神的角色，隨興摧毀地球的生活環境，還對自己造成的惡業沾沾自喜，那麼我們就不會有安穩的未來。

澳洲袋狼（塔斯馬尼亞虎）於1936年滅絕。
《倫敦動物學學會誌》, 1848-1860。

7

滅絕怎會越演越烈呢？

很少有人會樂見整個物種消失，但那些騷擾我們身子與吃掉食物的蟲子們除外。生命圈不會在乎非洲甘比亞按蚊（*Anopheles gambiae*）的消失；這類蚊蟲專吸人血，擅長躲藏在原生的社區內，牠是瘧疾的主要帶原昆蟲。我也不相信，即便是全心全意的保育人士，對撲殺至絕跡的幾內亞龍線蟲（這是我選定最可怖的人類病原體）也不會憐憫其遭滅種之刑。幾內亞龍線蟲可長到一公尺，在人體組織內伸縮活動，會從人的腳或腿的潰瘍處排出其幼蟲。我們勉為接受原生動物利什曼原蟲的滅絕，以避免毀傷身體或因而喪命；其他尚有不明的細菌、微型真菌及病毒等物種的病原體，讓其滅絕在所不惜，將之存放在密閉的液態氮裡亦無妨。此類不明的病原體（依我的猜測）應不超過一千種。我有幾次在熱帶森林裡感染到樹狀病毒（由節肢動物媒介），結果發燒臥床，所以我也樂於跟此生物終身不再相逢。

有數百萬的其他物種，對人類直接或間接有益，人類卻千方百計、置許多物種於滅絕死地。誰曉得這些物種在眼前或未來有什麼益處？人類帶來的衝擊大體是因為個人日常無節制的生活造

成，那些生活方式使我們成為生命史上最具破壞力的物種。

我們逼迫物種至滅絕死地有多快速？許多年來古生物學家與生物多樣性專家相信，約在二十萬年前人類出現之前，每百萬物種中每年約有一個物種會滅絕。當人類出現並開始活動之後，一般咸信現在的總滅絕率比原初高出一百至一千倍，此皆為人類活動的傑作。

在二〇一五年，一個國際研究團隊的仔細分析，完成了一項物種滅絕率的估計。他們發現：屬（近緣的物種群）的「多樣化率」＊，在「前人類」＊＊ 時期與現在比較，多樣化率低了十倍。這些數據轉換為物種滅絕率時，現今物種滅絕率比人類四處遷徙擴散前高出了將近一千倍。這個估計與另一個和該研究完全不相干的研究相近，其發現前人類期的新物種出現率亦往下變少，而且下墜趨勢出現在與前人類最近緣的人科動物之間。

人類活動的每一回遷徙與擴張都會減少更多的物種及其族群量，也會增加物種的易受傷害度與提高滅絕率。一群植物學家於二〇〇八年完成一個預測數學模式，該預測指出：巴西亞馬遜雨林的喬木中有百分之三十七至五十為罕見種；「罕見種」是指族群數少於一萬株的樹種。這些罕見樹種會因為現代的築路、伐木、採礦及將林地變更為農地，而面臨提早滅絕的命運。分布著罕見種較低百分率（即百分之三十七的罕見種）的地區中有部分已被開發，但還算受到謹慎的管理。

＊　譯按：新物種形成與活物種滅絕的差異率。

＊＊　譯按：指未演化出智人之前的人類。

　　世界上各地區有不同種類的植物與動物，要比較它們的源起與滅絕率是很困難的。但是現在所有可供比較的證據都指向兩個結論。第一，第六次生命大滅絕已經啟動；第二，人類的活動是其驅動力。

　　此一令人生畏的結論，衍生第二個很重要的問題：保育措施的成效如何？全球保育運動的努力，達到減緩與阻止地球之生物多樣性的喪失有多大成效？我曾是國際保育組織（Conservation International）、自然保育協會（Natural Conservancy）與美國世界野生動物基金（World Wildlife Fund-U.S.）的董事，也曾是許多地方上保育組織的顧問。我在公部門與私人企業的資助下，憑著熱誠與勇氣，及多年野外的辛勞工作，在此表白我過去半個世紀投入保育全世界的努力。這些超乎常人的努力獲致了多少成就？

　　在二○一○年，將近二百位專家分析所有已知二萬五千七百八十種陸地的脊椎動物（哺乳類、鳥類、爬行類、兩棲類）的現況，確認五分之一有滅絕之虞，五分之一則因保育的努力而穩定下來。另一項於二○○六年的更早研究，特別指出過去一個世紀的保育措施，鳥類物種的滅絕率也因而減少約近百分之五十。全世界有三十一種鳥類因保育人士的努力活了下來。簡而言之，目前為止全球的保育，以陸棲脊椎動物而言，物種的平均滅絕率大約降低了百分之二十。

　　其次，各國政府法規的影響力又如何呢？特別是美國一九七三年的《瀕危物種法案》？根據一篇二○○五年的回顧文章，原先被歸類為受威脅的一千三百七十種美國植物與動物，有四分之一的物種，其族群量有新的增加，但仍有百分之四十的物種族群

量減少，也有十三種有所改善，並已可從瀕危名單中移除。最令人動容的統計數字是：有二百二十七種，若無伸手拯救則必遭滅絕。在保護下最常受到關心的起死回生的物種，較知名的有黃褐肩黑鸝、綠蠵龜及大角羊。

這些成功案例雖然看得出來保育的成果，但是以目前的努力程度看來，要拯救自然世界還遠遠不夠。保育運動已降低物種的滅絕率，但卻無法將之帶到前人類時期的地步。在此同時，新物種的誕生率卻快速下降。這彷彿是在醫院的急診室裡意外事故的傷者，大量失血之際，新血液又沒有著落，病情不但沒法穩定，而且持續惡化，命在旦夕。我們對保育人士，可能像對外科醫生一樣，說道：「恭喜了！危險期已過，但是能活多久還很難說。」

當然，摧毀生物多樣性並沒有波及到所有的野生物種。有少數物種能活在人工化的環境。那麼現存物種的生命有多少比例可維持到本世紀末？如果目前的環境不改變，也許有一半可活下去。但更恰當的說是不及四分之一。

那只是我個人的淺見，但事實上光是棲地的淪喪，世界上大部分地區的滅絕率就因此往上爬升。最主要的生物多樣性喪失之處是熱帶雨林與珊瑚礁群。而最易受到傷害的棲地，每單位面積滅絕率最高的，是熱帶與溫帶地區的河流、小溪與湖泊。

已確立的棲地保育生物學之一項原則是：減小面積後一段時間內，會消失一部分的物種，其消失量大約是所減小面積的四次方根。例如，如果砍伐了百分之九十的森林地面積，其中原本可以持續生存的物種，約有半數可能會很快地消失。剛砍伐後，大

多數的物種可能在短時間內不會死亡，但是過了數個世代，則約有一半物種的族群量因過小而無法繁衍下去。

位於巴拿馬的巴羅科羅拉多島（Barro Colorado Island），已被證實是一個研究面積對物種滅絕效應的高價值自然實驗室。雨林覆蓋的巴羅科羅拉多島，是在一九一三年開鑿巴拿馬運河時形成加通湖（Gatum Lake）時產生的小島。根據一位鳥類學家約翰・特博（John Terborgh）當時的預測，五十年後的該島將喪失十七種鳥。實際的數目是十三種，占島上原本存在的一百零八繁殖種的百分之十二。在世界另一端的亞洲，占地零點九平方公里雨林的印尼茂物植物園（Bogor Botanical Garden），也是形同孤島的狀態，不過不是孤立在水中的小島，而是周邊森林都被清除的一塊孤伶伶的森林地。第一個五十年，它喪失了原本在林中繁殖的六十二種鳥中的二十種，此喪失數與預期的數目很接近。

保育科學家經常使用Ｈ Ｉ Ｐ Ｐ Ｏ五個字母＊代表人類活動中最具破壞力的五個項目，為方便記憶，依其重要性順序為：

Ｈ：**棲地破壞**（habitat destruction）：這也包括氣候變遷所引起的破壞。

Ｉ：**入侵物種**（invasive species）：這些包括排擠本土物種的植物與動物，並攻擊作物與本土植被，也包括讓人類與其他物種罹病的微生物。

Ｐ：**污染**（pollution）：人類活動的放流水是生命的殺手，特別是在河流與其他淡水生態系，這些正是地球棲地中最易受

＊　譯按：hippo 是英文的河馬。

傷害者。

P：**人口成長**（population growth）：雖然此說法還不甚普遍，但是我們真得必須減緩人口成長。繁衍子孫顯然有其必要，但如同教宗方濟各一世所指、像兔子般地不斷繁殖，卻是個餿主意。人口學的估算為人口數到本世紀末會升到約一百一十億或稍多，之後達到頂峰並開始下降。不幸的是，對生命圈的永續性而言，人均消費也注定上升，或許其消費量甚至比人口數上升更快。除非有高科技能大幅改善每單位面積的生產效率與生產力，否則人類的生態足跡會持續增加。生態足跡是指平均每個人生存所需的地表面積。足跡並非僅在局部地面，而是越洲渡洋的一片片空間，包括追求居住、糧食、交通、職掌，及所有其他的服務（包括娛樂）。

O：**過度獵取**（overhunting）：捕魚與狩獵可以讓目標物種走向滅絕或趨向滅絕之途，使最後殘存的族群受到疾病、競爭、氣候改變及其他壓力，只剩下同種中個體較大與分布較廣的族群能存活下去。

舉幾個例子便能看出物種減少與滅絕的原因。一個例子是林蛇的食性偏好，林蛇擅長捕食鳥巢中的幼雛；另一個例子是美國中西部的大樺斑蝶的數量下降。大樺斑蝶的數量可多達數百萬隻，集中在墨西哥的米卻肯州（Michoacán）越冬而聞名於世。到了二〇一四年，美國中西部的大樺斑蝶族群量下降了百分之八十一，歸因於大樺斑蝶幼蟲的專一食草植物，馬利筋減少了百分之五十八之故。因為玉米田與大豆田內重施草甘膦除草劑，馬利筋因而數量下降。玉米與大豆等作物經過基因改造，靠使用抗除

草劑而生長繁茂，然而野生馬利筋植物又未從事如此的保護。大
樺斑蝶的食草植物在不經意的情況下數量減少，遷移性的大樺斑
蝶的數量在美國與墨西哥兩地皆急速陡降。

　　然而，大多的滅絕事件的原因不只一種，各原因之間的關係
又錯綜複雜，不易理清，但追究到最終原因，都得歸罪於人類的
活動。這裡舉一個業經透徹分析的眾多原因例子。阿勒格尼林鼠
（Allegency woodrat）在其分布範圍的三分之一面積內，不是潛蹤
隱跡遍尋不果，便是面臨瀕危的境地了。一般認為是因為該林鼠
在美國栗樹滅絕之際，無栗子可食之故；林鼠的糧食有部分是依
靠美國栗為生的。同樣重要的，是林鼠棲息處的伐木作業與森林
破碎化；雪上加霜的，是其棲息的森林又受到食量驚人的入侵歐
洲舞毒蛾的蹂躪；最後致命一擊的，則是感染到浣熊帶來的蛔蟲
──浣熊在人類周邊環境的適應性遠高於林鼠。

　　許多對於像林鼠等囓齒動物的減少不在乎的人，或許會關心
年年從渡冬的新世界熱帶地區遷徙到美國東部繁殖地的燕雀類。
在美國聯邦政府補助下的北美繁殖鳥類調查，協同奧杜邦協會的
耶誕節期鳥類計數所收集的數據，清清楚楚地顯示有兩打以上的
鳥種之族群量急速下降。那些受到影響的鳥類有黃褐森鶇、黃腹
地鶯、東美洲王霸鶲及長刺歌雀。有一種原來在古巴度冬的黑眼
蚊蟲森鶯，顯然已經滅絕了。我心裡特別惦念的是黑眼蚊蟲森鶯
這種小型鳥。我有一次到美國墨西哥灣海岸沖積平原上的森林做
田野工作，到了黑眼蚊蟲森鶯築過巢的青籬竹叢附近。我曾經四
下搜尋並靜心傾聽（我承認我是菜鳥），但沒能找到黑眼蚊蟲森
鶯。

有些時候看起來，美國本土殘存的植物與動物在人類蓄意的施暴下逆來順受。在致命殘殺手段名單之首的，是我們破壞越冬與繁殖的棲地、大量使用除蟲劑、消滅天敵昆蟲與減少食草，及人工光害造成導致遷移迷航等。氣候改變與環境酸化則是新認定的風險，能完全改變情勢──其改變了環境自然律的所有層面，讓野生動物被迫遠離生存與繁殖所需的棲息環境。

在設法拯救全球生物多樣性之際，必須記住數個得面對的實況。第一是：人類造成的滅絕起因之間彼此有增強的效果。任何一項起因變強，其他起因隨之強化；這兩項起因總和的改變，加速了物種的滅絕。把一座森林變更為農用土地，減少生物棲地的面積、降低碳吸收量、帶進汙染物質並將之傳送到下游，沿途汙染原本是乾淨的水生棲地。任何原生掠食動物或食草動物的消失，都會改變生態系的特質，有時甚至會釀成大災難。引進任何一個入侵物種亦會有這種惡果。

另一個生物多樣性的核心原則是：熱帶環境的物種豐富度比溫帶環境高，且熱帶的物種數較多、較易受傷害。雖然蚜蟲、地衣與針葉樹的多樣性向極地遞增，但是它類的生物卻正巧相反。舉一例子，你預期新英格蘭溫帶森林裡，每平方公里可以找到約五十種螞蟻（如果你願花功夫找的話），但是在南美洲的厄瓜多爾或東南亞洲的婆羅洲，同樣面積的雨林中卻可找到多出十倍的螞蟻種類。

第三個要知道的生物多樣性原則，是生物多樣性的豐富度與其物種的地理分布之間的關係。溫帶北美洲的植物與動物物種，大都普遍分布在大陸洲內，但是在熱帶南美洲，很少物種是依此

規則分布的。

當這兩個決定棲地物種數的原則連在一起時，一如我們所預期，熱帶物種確實比溫帶物種更容易受到傷害。熱帶物種的分布範圍較小，只能維持較少的族群量。同時，它們活在很多競爭物種之間，只能偏限一隅求生、只吃專一的食物，且獵食它們的動物也都更為專業化。

因此，保育措施的一個通則是：清除加拿大、芬蘭或西伯利亞一平方公里的老生針葉林，會造成很多環境上的傷害，但若換成同面積的巴西或印尼老生雨林，造成的傷害會大得多。

關於生物多樣性的最後一點，根據二〇一〇年的統計數，在已知的六萬二千八百三十九種脊椎動物（哺乳類、鳥類、爬蟲類、兩棲類與魚類）與一百三十萬種無脊椎動物之間，存在著巨大的差異：所有已被量化的生物多樣性資訊，都是脊椎動物，就是那些我們熟知的大型動物。雖然在無脊椎動物方面也有研究較透徹的一群，知名的是軟體動物與蝴蝶，但即使如此，這些生物的知名度仍遠低於哺乳類、鳥類及爬行類。無脊椎動物物種的絕大部分、特別是多樣性高的昆蟲與海洋生物，仍然有待發現並待科學界揭曉。不論如何，已被充分研究過的這些無脊椎動物群知識，可以用來預測在物種層級的保育狀況——這些物種（如淡水蟹、螯蝦、蜻蜓、及珊瑚等）易受傷害的程度及瀕危的百分比，可與脊椎動物相比擬。

在思考生命圈的生與死時，要避免兩項錯誤的概念。第一個錯誤的概念是：認為一個罕見又數量下降的物種，可能是邁入衰老之境。你以為它的時限已到，我們可撒手不管了；正好相反，

它的年輕個體就像其他最積極擴充競爭對手的物種之年輕個體，具有不相上下的活力。如果它的族群正從易受傷害級降成瀕危級，甚至成為極瀕危級的物種（這是國際自然保育聯盟紅皮書採用的下降等級），* 那造成此況的理由既非該物種的年齡、也非其宿命，而是達爾文的天擇過程所說的陷入危境。環境隨時在變，但早期天擇下聚集的許多基因，卻不能及時快速地適應這個偶發事件。該物種是運氣不佳的受害者，有點像一位農夫在十年大旱的頭一年投入土地資本。如果把一些年輕個體放到另一個其基因較能適應的環境，則該物種就會繁衍興盛。

別忘記，這般不利環境主要是人類造成的。保育生物學乃是一門科學；透過此學門，我們得以辨識較佳的環境，並保護或回復其內受到危害的物種。

生物學家知道過去整個三十八億年的生命史中活過的物種，超過百分之九十九已經滅絕。這也就是我們經常被問到的，那麼滅絕會有多糟呢？答案當然是這樣的，許多物種在這漫漫的地質年代裡根本沒有死絕，而是轉變為兩個或更多的後嗣物種。物種有點像變形蟲，它們靠分裂繁殖，不經過產生胚胎繁殖。最成功的物種，會是最多物種的先祖；就像最成功的人類，其也是後裔最多且持續最久的物種。人類的出生率與死亡率已接近全球性的

---

* 譯按：據二〇〇一年《紅皮書》中個別物種的層級下降的順序為：無顧慮級（least concern, LC）、近受威脅級（near threatened, NT）、瀕危級（endangered, EN）、極瀕危級（critically endangered, CR）、野外滅絕級（extinct in the wild, EW）、滅絕級（extinct, E）。

均衡，只是在過去大約六萬五千年間，出生率稍占上風。最重要的是，我們與所有其他物種相同，都是極為成功、與極可能有著重要譜系的物種，我們的譜系可回溯到人類的誕生，更可追溯到數十億年前的生命開端。我們周邊的生物亦復如此。到目前為止，它們每一個物種與所有的生命，都是千錘百鍊下生存競爭的常勝軍。

海星與管蟲。

阿爾弗雷德・艾德蒙・布雷姆（Alfred Edmund Brehm），1883-1884。

8

氣候變遷的衝擊

氣候變遷的兇猛怪獸在生物界的地位已升至生命圈的頂端，著手改變所有地區的萬事萬物；它原是我們一手帶大的小孩，我們實在寵壞太久了。我們把大氣圈當作垃圾場，想都沒想就把工業革命的廢碳一古腦兒地倒上去，其所提升的溫室氣體（以二氧化碳與甲烷為大宗）濃度，已到了危及整個生命圈的程度。

多數專家都認同下面的敘述是悲慘的預言：汙染所提升的每年地表平均氣溫，不得超過工業革命誕生前（大約是十八世紀中葉）的攝氏二度。目前此溫度已升到關鍵之「攝氏二度」的快一半了。* 當全球大氣暖化增溫超過攝氏二度時，地球的氣候會變得非常不穩定。熱浪將會不斷打破歷史紀錄。大風暴與氣候異常會成為新常態。正在融化的格陵蘭與南極的冰帽會加速進行，陸地上會有新的氣候類型與新的氣候地理區。人造衛星與潮汐儀的測量數據顯示海平面每年皆上升三公釐，若加上融冰量與海

---

* 譯按：二〇一六年年底已超過攝氏一點二度。

水本身變熱而膨脹的海洋容積，海平面最終會上升九公尺之多。

這種災難性的改變終究會出現嗎？其實已經開始了。這個行星表面的年平均氣溫已從一九八〇年起逐漸攀升，卻看不到有緩和的跡象。

世界各國的政府雖然已經開始採取行動，但反應太過溫吞，離應當的作為還有一大段距離。只有太平洋的小島國吉里巴斯與吐瓦魯兩國，因應太平洋漫淹上來的威脅已找到解決方法，那就是準備舉國移民到紐西蘭。

當然，你每天看是看不出海平面上升平均值的。華府的政要還不需要划著義大利威尼斯運河的平底狹長小船上班。但是，二〇一四年十一月十二日，美國的歐巴馬總統確實與中國的習近平主席簽署了一項歷史性協議。協議書要求美國到二〇二五年時，其碳排放量須低於二〇〇五年排放量的百分之二十八；同時中國的碳排放量在二〇三〇年時，從最高量往下修，最終其排放量須與美國相同。二〇一四年十二月，幾乎是全世界的一九六個主權國的代表在祕魯利馬集會。他們同意回國後六個月內，各自完成撰寫國家計畫書，降低其自煤、天然氣、及石油排放的溫室氣體量。集合的所有計畫，將做為二〇一五年十二月草擬全球性協議書的基礎。但是，達成的協議書到二〇二〇年才開始執行。

國際能源組織堅持人類必須想辦法計劃，讓世界上已照准開採的石油與天然氣儲蓄量留在地下，以緩和毀滅性的氣候變遷，同時還加上：「在二〇五〇年前，石油與天然氣消費量不得超過已照准開採的石化燃料蓄積量的三分之一。」

各國代表面對的困境是忠誠度的分配。已故生態學家嘉勒

特·哈丁（Garrett Hardin，1915-2003）稱忠誠度的分配為「公有地悲劇」，是個人、組織或國家共同使用有限的某種資源時所引起的現象。他們的做法傾向於耗盡該項資源，即全球的乾淨空氣與清淨淡水，因為個人、組織或國家三者會盡可能地爭取依法允許的最大量，甚至不惜公然欺瞞以取得更大的使用量。

公有地悲劇的一個教材例子是公海生物資源之枯竭。世界上許多地區不太管制領海內捕魚與收獲其他海產，甚至視若無睹、撒手不管。公海沒有主權問題，除了國際協商外，不受任何法規管轄。世世代代以來，所有海域的保護程度不一，甚或完全沒有保護，可食用的物種都慘遭濫捕。海洋棲境的破壞、入侵種的盤據、氣候的暖化、海水的酸化、毒素的汙染及陸地的逕流、排放過多的營養物造成優養化作用，此皆使得原本物產越來越枯竭的海洋雪上加霜。

這般的施虐行徑既粗暴又無情。較大型的食用與娛樂用物種（如鮪魚、旗魚、鯊魚），及較大型的底棲魚類（如鱈魚、大比目魚、比目魚、紅鯛魚、與魟魚）數量，比起一九五〇年已少了九成。在美國清教徒時代極為豐富的鱈魚，傳說光是用空鉤就手到擒來、足可飽食一餐，但是已減少了百分之九十九以上。

所幸的是，海洋物種的完全滅絕較大型的陸生動物要少得多。原因是幾乎所有較大型的海洋物種（包括遠洋魚類）活動範圍都很廣大、或遷移路徑長遠。海洋物種一生中移動的距離比大型陸生動物遠得多，因此族群量的地區密度較低，也因此物種免於滅絕。例如，百分之九十三的亞洲虎已在其原本地理分布範圍內消失了，但海中的虎鯊則繼續遨遊於幾乎全部的分布範圍內。

　　不幸的是，珊瑚礁的情況適得其反。由於珊瑚礁的生物多樣
性看似無止盡的豐富，因而有「海中雨林」的美譽；但例外的
是，珊瑚礁卻是海洋生態系中恢復力最差的一個類型。珊瑚是共
生生物體，各個珊瑚由一種石灰質與植物般的動物構成，即你所
見到的珊瑚外形。珊瑚內住著極多的單細胞的微生物，稱作蟲黃
藻；要不是蟲黃藻，你是見不著珊瑚的鮮豔色彩的。珊瑚骨架所
建構的礁岩之建築式樣，正如樹木與灌叢所建構的一座森林。蟲
黃藻是行光合作用的生物體，它提供能量與物料，珊瑚礁的石灰
架構才能築成。

　　人類活動即使僅僅升高海水溫度攝氏一度，或稍稍增加海水
酸度，蟲黃藻都會離開它們的石灰質宿主生物，一併帶走色彩與
光合作用。此種珊瑚潛在自殺的過程，稱之為珊瑚白化現象。

　　對於這些奪目的珊瑚大群體，因暖化而造成的改變後果，已
成為一樁大災難。全世界有百分之十九的珊瑚礁已經死亡。已知
的四萬四千八百三十八種珊瑚，有百分之三十八不是受到傷害，
便是已經瀕危。此可與陸地上的情況相比：鳥類有百分之十四、
哺乳類有百分之二十二，兩棲類（蛙、蠑螈、與蚓螈）有百分之
三十一不是受到傷害、便是已經瀕危了。而近來的分析則指出，
到二〇五〇年止，世界上有四分之一的珊瑚物種勢將消失。

舊世界熱帶區的果蝠（飛狐）群聚。
阿爾弗雷德·艾德蒙·布雷姆（Alfred Edmund Brehm），1883-1884。

9

危言聳聽的世界觀

並非每一位以保育自居的人士皆贊同生物多樣性必須動都不動地保護下來。有一些為數不多、但勢力日益壯大的人們相信，人類對這個活世界的改變，已到了萬劫不復的地步。他們說，我們現在必須適應生活在這個傷痕累累的行星上。這類修正主義者中有少數人嘶喊著，要採取一種極端的「人類世」世界觀。他們的意思是：人類已經完全統治了地球，人類要裁決殘存野生物種與生態系的命運，只保留那些對我們物種有用處的。

如此對待地球生命的看法是認為，無人類染指的野地已不復存在；世界上所有的地區，即使是遙不可及的偏遠之鄉，已多少被人類玷污了。人類未出現前所演化出來的活自然不是已死亡，就是已處在彌留狀態。這些支持極端論者相信，或許這種結局是歷史的必然宿命。如果這樣屬實，則我們行星的命運會完全由人類接手，從北極到南極，完全為我們所有、為我們所治、為我們所享——最終真正重要的，就是那唯一的人種。

這種想法確有幾分真實性。人類重重的打擊地球，其力道遠大於任何其他單一物種。此暴力從工業革命起強力發動（用人類

世的說法則稱作「成長與開發」），它先由撲殺世界上大多數的大型哺乳類動物（體重超過十公斤者）揭開序幕，此過程自石器時代的狩獵者／採集者開始進行，隨後各階段則因技術革新而增加力道。

生物多樣性的減少，像是亮光逐漸變黯淡，而不像關電燈般突然由明亮轉成漆黑。隨著人類數量增加並散布到世界各地，幾乎都是先濫用局部資源，再到局部資源的枯竭。人口數倍增、又倍增、再倍增，來到這個行星的人類就像是心懷敵意的外星人。

這個過程純粹是達爾文式的，遵從無限成長與不斷繁殖的上天旨意。從人類的標準看來，會以為這種前所未有的本領所表現出來的是美的新形式；但過程從頭到尾，無論用誰（除了細菌、真菌、與兀鷲外）的標準都稱不上美。如同一八七七年維多利亞時代詩人杰拉德·曼利·霍普京斯（Gerard Manley Hopkins，1844-1889）所描述的：

> 世世代代的踐踏、又踐踏、再踐踏；
> 皆在買賣中凋零；面目難辨，苦難受辱；
> 披上人類的汙穢，沾滿人類的臭味；這片大地
> 已寸草不留，踩在腳下，隔著鞋底，已渾然無覺。

生物多樣性的滅亡，亦步亦趨地跟著人類四處遷徙的腳步。數萬物種在刀斧與鍋盤中湮滅。我們已司空見慣，當玻里尼西亞人划著雙體舟與浮架外舷的船橫渡太平洋，從東加到最偏遠的夏威夷群島、皮特凱恩群島及紐西蘭逐島拓殖時，至少有一千種、或全世界總數百分之十的鳥類消失了。早期到北美洲的歐洲探險

者發現，新大陸可能曾有世界上最多的大型動物群，但在古印地安人的弓箭與陷阱下早已屍骨無存。長毛象、巨齒象、劍齒虎、龐然大物的懼狼、巨型飛鳥、巨河狸與地棲樹懶等已然絕跡。

然而，在最荒僻的地區，大多數植物與較小型的動物，包括多樣性極高的昆蟲與其他節肢動物，仍舊大體完好無損。我自信要是可以帶著捕蟲網與土鑽回到一萬五千年前，我必能找到、也能認出大多數的蝴蝶與螞蟻種類。然而，大型動物將是完全不同的新世界。十九世紀與二十世紀初在美國誕生的保育運動來得有點晚，但要拯救我們殘存的動物與植物類群所幸還不嫌太晚。一八七二年，由美國黃石國家公園、這座全世界第一座國家公園帶頭，加上亨利・梭羅（Henry David Thoreau）、約翰・繆爾（John Muir）及其他博物學家與行動人士的自然書寫之啟示，此保育運動帶動了聯邦政府、州政府與地方政府所建置的許多公園，形成巨大的網絡；另外，還加上由非政府組織、像是最著名的「美國自然保育協會」撥出的私有保留區。「自然是原始的、自然是古老的、自然是純淨的」，成為美國人信念的聲明：除非要降低人類干擾造成的破壞之影響，否則自然應不予管理。作家華萊士・斯特格納（Wallace Stegner）即於一九八三年寫道：美國的國家公園是「我們自始至終的最佳想法。」

為保育而保育的這種概念，在世界傳了開來；到了二十一世紀初，全世界一百九十六個主權國家中的絕大多數都設置了自然國家公園，或由政府保護的類似保留區。保育概念算是成功了，但在數目與品質上尚嫌不足。

在岌岌不保的瀕危濕地（幾乎還算覆蓋在熱帶美洲、印尼、

菲律賓、馬達加斯加島與赤道非洲的廣袤大地）上棲息的物種數，遠超過北美洲與歐洲保留區總數的十倍以上。從數據得悉，全世界這類棲地的物種滅絕率，以脊椎動物（哺乳類、鳥類、爬蟲類、蛙類與其他兩棲類、魚類）來看，已是人類出現前物種滅絕率的一千倍左右，並且還在往上攀升。

保育運動的此類不足處，便成為新人類世理念的關注焦點。擁護人類世的人主張，傳統方式拯救地球生物多樣性的努力基本上已經失敗。絕對原始的自然已不復存在，真正倖存的原野大地不過是空中樓閣。熱衷用人類世的鏡頭看世界的人，看到的世界觀與傳統保育學人士完全不同。其中的極端者更認為殘留的自然應視為可買賣的商品，如此才值得保留；殘存的生物多樣性最好依其對人類的服務判斷其價值，依歷史讓生物多樣性自由發展，循着既定路徑走下去。這當中最為重要的理念是：地球的命運是靠人類指定的。對那些持有大部分或全部此類憧憬的人而言，人類世在本質上是一件美事。殘存下來的自然當然好；但是最終，即使是野生動物也得一視同仁，任其自求多福與自救求生。

擁護上述觀念與想法的一些人稱之為「新保育主義」，且已發展出多種務實建議。第一個也是最重要的建議是：自然公園與其他保留區的管理之道，應以協助其能符合人類之需求為準；但不是所有的人，而是採用當代美學素養與個人價值做出決策、那些活在當下及即將來到的人——他們以為這樣就能一勞永逸。遵從人類世指導方針的領導者，會把自然帶向無法回頭的路途，而不考慮未來無數世代的喜惡。殘存的野外動植物物種，會依新的和諧關係與人類共存。過去人類是以訪客身分進入自然生態系，

而在人類世時代，這些活在粗劣殘缺生態系的物種，應該要存活在你我之間。

位居領導人類世的擁護者，似乎並不關心他們深信之事到了最後一步會有什麼結局。對於擺在面前的事實，他們坦然無懼。其中的社會觀察者與保育學者愛琳・克理斯（Eileen Crist）如此寫道：

> 「經濟成長與消費者文化仍然會是主流的社會模式（許多推銷人類世的人認為此為正逢其時，也有幾位不置可否）；我們現今住在一個人類圈養的行星上，原野之鄉已蕩然無存；我們可以把生態的悲與慘束之高閣，反之對預期的人養行星給予更正面的迎接心態；我們應擁抱科技（包括體系的風險、集權、及工業大規模），將其當作我們的天命甚至救星。」

美國馬里蘭大學的環境科學家厄爾・艾利斯（Erle Ellis），提出了一則激昂的信條，協助環境人士為新秩序作準備：「停止去想拯救這個行星吧。自然已死。你們正活在一個二手的行星上。如果這點困擾著你，你就要克服它。我們現在活在人類世，這是一個地質時代，地球的大氣圈、岩石圈及生命圈都在人類的力量下改頭換面了。」

人類那駭人的摧毀力，靠的是什麼？它表現在我們日常生活的一般實踐中，以及我們語言中不經大腦思考的語彙上。克理斯繼續她的分析：

以生物性淨化作用與貧瘠化之名進行霸占（或據為己有）：耗竭地力與汙染土壤；萬物皆可宰殺；把上帝之威加諸於動物身上，使其在我們面前畏縮或潛逸；把魚重新命名為「漁業」、動物為「牲畜」、樹木為「用材」、河流為「飲水」、山頂為「超載」、海岸為「海濱勝地」，並將土地變更使用、生命趕盡殺絕及商品化等就地合法為「冒險創新事業」。

當然，熱衷人類世的人也並非完全缺乏在新秩序下保留生物多樣性的想法。英國約克大學的保育生物學家克里斯·湯瑪斯（Chris D. Thomas）已著手發表大量對立的證據。他斷言，局部小地區滅絕的原生物種，將會與人類在全世界散布的外來種達成平衡。該專家對我們保證，不論這些生態系的生物多樣性是原本就低、還是經人類活動而導致貧乏，外來種皆有助於填補生態系之間的缺口。外來種與殘存特生種的雜交，可進一步提升物種多樣性與物種數。同時，他還提醒我們必須記住，過去地質時代的大滅絕之後，都會有新物種大量出現。當然，這個過程得費時數百萬年。

看樣子湯瑪斯並不在乎，若未來的世代得知這樣的想法與做法，不知會惱怒成什麼樣子；靠演化回復生物多樣性，需耗時五百萬年或更久，比演化出現代人類的時間還長了數倍。湯瑪斯也不在乎大比例的外來種會轉變為入侵種──它們使全世界每年要多耗費數十億美元的代價。

　　如果地球生命襲產的保留工作，僅僅只是靠留下生物保育核心區做為安全處所，誰又會有其他的高見？這裡就有一位——彼得・卡雷瓦（Peter M. Kareiva），「新保育」哲學觀點的前衛人士。他於二〇一四年獲得美國自然保育協會（The Nature Conversancy）的科學主管一職，那是一個極具影響力的講壇職位。在他的公開演說與學術及科普撰文中，他是那些攻擊原野存在的頭頭。在他的意見裡，地球上已無原始地區的存在。人類長久占有的區域，理當開放給人類作更靈活的管理與賺取利益。他不要原野的地景，卡雷瓦只要「可用的地景」，該詞之意約與「不事生產」的地景相反；因此，他的論調更為經濟學人士與企業家所接受。

　　但是，此對原野之地的攻訐有詞源學上的基本謬誤。在美國《野地法案》中從來沒有「原始的」這樣的用詞。卡雷瓦與其他想法相近的人也一定知道，「野域」一詞是指未為人類馴化過的、亦未受到人類駕馭驅策的地區。在保育科學的用語，「野域」指的是一處大面積之地，其內的自然過程未經人類特意擾動過，自然野地過著自然的過程，該處生命處於「自行其是」的環境。野域之內人口稀落，特別是那些世居者生活了數個世紀或幾千年，而未損及野域的主要特性。同時，野域是實實在在的存在著，我會在稍後證實這點。野域不可說成是不存在的。

　　人類世的其他樂觀者另有不同的寄望：他們相信許多滅絕的物種可被重新賦予生命，只要我們能保存下來足夠的生命組織，繪製其基因碼，克隆（複製）整個生物體。這個稱作「去滅絕」

（de-extinction）處理，他們看上旅鴿、長毛象及澳洲像狼的袋狼等動物。這裡有一個假設的前提：這些物種皆須保存著完整未受損傷的生態系，或在他處可以重新創設的生態系，以便可找到該物種原本的生態棲位。

印度布巴內什瓦爾州（Bhubaneswar）的生物技術學教授蘇布拉特‧庫瑪爾（Subrat Kumar）在《自然》雜誌撰文，他不僅信仰去滅絕，還強力主張一項大型的新計畫：他準備以諾亞方舟的規模，讓已滅絕的生物體復活。對於那些擔憂已滅絕物種會太成功地四處散布、如「還魂屍」般燎原大地、並消弭其他物種的人，庫瑪爾追加一句安撫人心的話：「任何復生的物種如果出現問題，可用基因工程設計輕易地弭除掉。」

就在這個時候，在大眾文學的領域，記者兼作家埃瑪‧馬理斯（Emma Marris）提出一個令人愉悅的想像：把半野生的物種留做人類的利益，讓它們四處分散到一個新的智慧行星的花園裡。在她看來，我們應毫不遲疑地放棄自然存在的野地的想法：這個想法是在美國生產上市的「迷信」，曾經「潛伏在保育組織的宗旨裡」，並遺憾地已然操縱著「整個自然書寫與自然記實影片。」馬理斯警告道，這種誤導的想法必須要修正。我們做為這個行星的統治者之真正角色，是把生物多樣性轉換為一個「全球性、半野生，放在由我們照料的自由自在的園區裡。」

在我印象中，對於那些最不受重視與終究會被荒棄的原野之地，及其繽紛的生物多樣性，其間庇護的居民往往就是上述這一批人，但他們卻對此原野之地及其生物多樣性毫無親身之體驗。

就此議題，我想引述偉大的探險家與博物學家亞歷山德‧馮‧洪堡德的話：「最危險的世界觀，是那些沒見過世界的人的世界觀。」這句話很貼切，無論在他的時代與我們的時代，同樣地顛撲不破。

第二輯

生氣勃勃的世界

大部分的物種與生態系仍然健在。

但要挽救它們已時不我待。

在本世紀終了前，它們大部分會消失。

接著是一幅可想像的殘餘空曠。

海洋軟體動物。
《倫敦動物學會會誌》, 1848-1860。

10

自然保育的科學

許多哲學觀是誤人的，正如人類世的世界觀大體是蓄意愚昧的產物。這個世界觀在追尋一個嶄新與人類中心的保育做法，更精確的說法是反保育的做法，這有多個起因。第一個起因是對保育組織歷史的虛幻印象；第二個起因是不恰當地掌握了生物多樣性資料庫；第三個起因較不明顯，是錯誤地強調生態系為生物組織的關鍵層級，而幾乎完全排除物種與基因等兩個層級。

正如人類世中心論的堅定信仰者在促銷「新保育」時的所做所為，他們認為傳統保育組織的各類事項極少關注人的福利，這點完全錯誤。過去三十年來，我服務過數個重要的全球性組織之管理與顧問委員會，我很清楚知道事實正巧相反。例如，在一九八○年代，我親自參與美國世界野生動物基金會（World Wildlife Fund- U.S.）的活動，徹底擴大了該會的指導方針。我們先討論該組織成立的意義與目的，決定要保護的動植物類群及如何保育，還有最後：為何要做。如果僅停留在幾個明星動植物身上，相信明星物種可以發揮「保護傘」的功能，藉此庇護生活在它們周邊的其他物種，這種做法夠嗎？還有，拯救自然世界的大型與

美麗動物是否也能服務人類？很確定的，用圍籬把自然保留區內或附近的居民隔開是不恰當的，最終也是無效的。

我們採取兩個步驟來解決。首先，我們把注意力從貓熊與虎等明星級物種擴充到整個生態系，甚至包括那些大家陌生的物種在內的生態系；其次，我們展開協助自然保留區內或周邊居民的經濟與健康照護政策。

其他的保育組織也同樣改變了其活動項目，注重人的因素。例如，國際保育組織把焦點放在協助開發中國家的政府領導人，建議他們改善生物多樣性的保護方法，及改善其農村居民的部分經濟與生活品質。自然保育組織一直也以人為念，負起管理生物豐富地區之責，並開放給公眾、包括生態學及生物多樣性的研究人員共同參與管理。一個成功的小型保育組織，已經很少只專注明星物種與自然生態系、並將其視為維持當地居民文化所必需的部分了。

生物多樣性研究與保育的領導者早已了解到，世界上殘存的自然野域並不是用來展示藝術的博物館，也不是可布置與照料成取悅我們的庭園。自然野域並非休閒的娛樂園地，或自然資源的蘊藏之地，或避暑勝地，或充滿商機的未開發地。這些都不是。自然野域與其內所保護的生物多樣性，和人類亂湊而成的世界截然不同。我們從中可取得什麼？它們提供的全球環境穩定性及它們的真實存在是自然賜給我們的禮物。我們是野地的管家，而非它們的主人。

人類世概念的建議者之做法，特別是他們的半野半人工的園地、外來種與新雜交種，及商業用途的大地之景等，我們尚不能

預測會造成什麼傷害。他們參閱的文獻品質粗劣、內涵空泛，在在顯示提倡這些措施的人對生態系的內涵與結構一無所知，所以他們才有一再攻擊生態系的言論。因此，我們在此談談大煙山國家公園（Great Smoky Mountain National Park）必能帶來一定的好處。該國家公園是研究做得最好的美國保留區之一，其內各類型的已知物種數提高了我們對生態學的知識。本章最後的一覽表是已知物種的數據。研究專家與受過訓練的志工花了五萬個工時的時間調查當地的生物多樣性，得到一萬八千二百個物種的紀錄。實際的數目，尤其是算上所有懷疑但無紀錄的壽命不長的物種與微生物後，估計總數將會介於六萬到八萬種之間。

如果你覺得這一萬八千二百個物種皆是可有可無的，請再仔細想想吧。它們對你而言只是陌生的物種名字，但對那些為了它們窮盡一生、竭盡心力的科學家來說，也是一樣陌生的。

或許移除了大煙山國家公園內的紐形蠕蟲、蠹蟲、多足綱動物，對其餘的其他生物群不致產生重大影響（即使這個假設我也很可能是錯的），但是我很確定剩下的物種中很少可予以消滅，而對他類群的生物不致造成嚴重的減少。為了說明此一原則，你可從該表中隨機選擇五個分類單元，譬如紐形動物、軟體動物、環節動物、水熊蟲及蜘蛛類，並思考滅絕它們會有什麼樣的後果。消滅其中任何一個分類單元，皆會干擾其生態系，甚至引起整個系統的崩解。

我的意思是說，對一個能自行維繫的自然生態系（如大煙山國家公園）而言，完全的生物多樣性普查之類工作是必要的。不過生物多樣性普查只是一個起頭，還需要更多的資訊，包括各物

種生活的棲境、物種的活動面積與時間、物種的生命史與族群動態學，其與生態系內外其他物種之間的互動關係。即便是各分類群內的物種（例如所有的鳳蝶、所有的猛禽、陸生蝸牛、或圓蛛等），個別物種之間的生物學與對其他生物體造成的衝擊，其差別也很大。

我第一次去大煙山國家公園時還是研究生，非常喜歡彈尾蟲，那是屬於物種記錄表內稱為彈尾目的昆蟲。這些體型微小、善於藏匿的小動物，在腹下有一個槓狀跳器。跳器一端連在腹部，另一端可自由活動。有掠食動物接近牠的時候，彈尾蟲就靠跳器可自由活動的那端又快又猛地撞擊地面。就每毫克體重與每毫克力道而言，該力道是動物界最強大的動力之一。彈尾蟲隨之騰空前跳的距離，對人類而言，有一個美式足球場的長度。＊

但是，從生命史的大觀點，此彈尾行為不過是演化史的小部分。我們常說，掠食動物與獵物的各自演化是一場軍備競賽。就以某些種類的螞蟻而言，牠們已發展出克制彈尾蟲的巧技。螞蟻採用兩種技能中的其中一種，即可制服彈尾蟲這種獵物的高空彈跳本事。其一是布局大軍（女兵）壓境，當彈尾蟲從這隻螞蟻身旁跳彈而逃，勢必會落在另一隻螞蟻附近。

第二種是適應性。適應性是整個動物世界中最精準的狩獵技能。我研究過數種瘤蟻類群（Dacetini）。這種螞蟻會從其腰間的組織塊釋放一種吸引彈尾蟲的氣味。當螞蟻感到有彈尾蟲接近時，便靜止不動。然後，螞蟻靠著左右擺動的兩條觸鬚尖端的氣

＊ 譯按：九十到一百二十公尺。

味接收器的指引，便慢慢地接近彈尾蟲。牠頭上長齒的大顎張得開開的，某些物種甚至可超過一百八十度。大顎鎖定目標獵物後，出擊的時機到了。兩根長長的觸發毛向前伸長，避開張開的大顎。當一根或兩根觸發毛碰觸到彈尾蟲時，大顎突然以眨眼之瞬間合攏，迅速到彈尾蟲不及跳彈。大顎內部成排的長鋸齒刺入獵物。彈尾蟲雖然立即啟動其跳桿，但為時已晚——掠食動物與獵物就這麼緊緊相扣著，一起穿過空中。

最近某日，我到了這個國家公園。我從一個倒木上揭起一片樹皮（當然經過管理員的許可），看到三隻小小的綜合綱（symphylans）的蟲子，這是類似昆蟲的藏匿性小動物，有時也是獵食彈尾蟲的螞蟻的獵物。我手上的蟲子是綜合綱的一個特殊群，稱作鋏尾蟲，因為其尾端有一對鋏子。雖然全世界有許多種鋏尾蟲，但是我們對其生物學的任何部分所知甚少：對牠們喜好的食物、生命史、及這對鋏子長在那麼罕見的位置等疑問，我們一無所知。我也一竅不知。

我或任何其他生物學家也猜不透，假使所有鋏尾蟲都消失了會有什麼後果。我當時心中想到的是，假使我有另一個人生可活，我可能立即投身於綜合綱動物的研究。

同樣地再想下去，夏天的某日，你在一處田野植物間來回揮兜著捕蟲網，捕到的可能不光是各種蠅類而已（你不妨試試看，你會驚訝不止的）。然後再多想看看，那些蠅類各有不同的特化行為，有的只吃某特定種類的水果、花粉、真菌、糞便或死屍——你不反對的話，或你的鮮血。有些蠅類是其他昆蟲的寄生生物，吃的不是任何一種昆蟲，而至少有數種昆蟲，那些昆蟲是蠅

類從數千種昆蟲裡特選出來的。當我還是青少年的年紀，我曾福至心靈的感悟到幾乎會成為雙翅目的昆蟲科學家。那時我還在瘋長足虻科（Dolichopodidae）的精美小蠅類；小蠅在陽光下的葉面上，全身閃爍著藍藍綠綠的金屬光芒。

這些小蠅有多少種類？為何在我眼前盡心竭力地飛舞著？牠們在何處、及如何度過牠們的幼蟲期？然後，我回頭看上了螞蟻。雖然我當時住在離熱帶很遠的阿拉巴馬州北部，但我發現了一群行軍蟻爬過我家後院。牠們是本土種，是在中美洲與南美洲森林中勢如破竹的行軍蟻的迷你版。我跟蹤這些行動飄忽、排成一路縱隊的軍蟻：牠們橫過鄰居的院子，浩浩蕩蕩地行過柏油路面的小街，鑽進一小片林地。在隊伍的末端，我見到寄生性的衣魚與其他昆蟲隨尾在後。這般浩大的場景，哪是我那美麗的小小長足虻蠅能比得過的。於是，我鐵了心要專攻螞蟻的研究。在當時我根本沒想到，我將進入的世界竟有著如此無垠的廣袤與絕美的景色。

每個生態系，不論是一處埤塘、濕草原、珊瑚礁，或分布在全球數千種其他生態系，都是特化生物體組成的密織之網。物種是指同族群內可相互自行交配繁殖的個體。在同一個生態系中，各物種能緊密或稀疏地來往，甚或生死都不來往。要是對大多數生態系裡的多數物種名字都不知道，生物學家又如何說明許多物種之間的互動過程呢？如果某些棲地的物種消失了，而其他原先不棲息該處的物種乘虛而入，我們怎能預測該生態系會有何種改變？我們充其量只是掌握一點數據、靠著一些線索、用猜測狐疑面對所有的現象。

　　我們之中在田野真正分析過生態系中物種層級的人，僅在最有限與最基本的生態系有若干進展，而此僅僅包括生態系內一小部分的動物與植物。我們用粗略的方式，也描述過一些紅樹林小島、小池塘、潮間池與南極的乾岩石綠洲。我們從這些小小棲地學到生物拓殖過程的若干原則，並得到掠食行為及生物拓殖現象兩者與穩定時的生物多樣性數量等信息，此皆為一些令人驚異的事實。我們可以在此告訴你一些有關季節與氣候差異造成的衝擊，及人類的某些干擾會造成的結局；然而，我們不得不承認，生態系分析這個學門在二十世紀初、分子遺傳學與細胞生物學革命尚未出現前，早已比不上物理學與生物化學了。

　　自然運作的知識如何告訴我們有關保育與人類世呢？這點是十分清楚的。要拯救生物多樣性，得遵守預防性原則面對地球的自然生態系，並慎重、嚴格的執行。先緊緊看守自然生態系，等科學家與大眾對它們知道得更多時，才採取行動。不論是研究、討論、規畫，都得步步為營，給地球殘存的生命一個機會。別追求錦囊妙計，別速戰速決，特別是那些受威脅、易受傷害、且無法復原的自然世界。

大煙山國家公園物種統計總表 *

分類單元 TAXON	舊紀錄 生物多樣性 普查前的所 有分類單元	新紀錄 生物多樣性 普查後的所 有分類單元	科學的 新發現	總記錄
微生物類 Microbes				
細菌類 Bacteria	0	206	270	476
古菌類 Archaea	0	0	44	44
微胞菌 Microsporidia	0	3	5	8
原生動物類 Protists	1	41	2	44
病毒類 Viruses	0	17	7	24
黏菌類 Slime molds	128	143	18	289
植物類 Plants				
維管束植物 vascular	1,598	116	0	1,714
非維管束植物 non-vascular	463	11	0	474
（苔蘚類等）（mosses, etc）				
藻類 Algae	358	566	78	1,002
真菌類 Fungi	2.157	583	58	2,798
地衣類 Lichens	344	435	32	811
腔腸動物類 Cnidaria （水母類、水螅類）（jellyfish, hydra）	0	3	0	3
扁形動物門 Platyhelminthes （扁蟲類）（flatworms）	6	30	1	37
苔蘚動物門 Bryozoa （苔蘚蟲）（moss animals）	0	1	0	1
棘動動物門 Acanthocephala 棘頭蟲（spiny-headed worms）	0	1	0	1
線形動物門 Nematatomorpha 馬鬃蟲（horsehair worms）	1	3	0	4
線蟲門 Namatodes （圓蟲類）（roundworms）	11	69	2	82
紐形動物門 Nemertea 帶狀蠕蟲（ribbon worms）	0	1	0	1
軟體動物門 Mollusks （蝸牛、貽貝等）（snails, mussels, etc.）	111	56	6	173
環節動物門 Annelids （水生蠕蟲（aquatic worms 水蛭、蚯蚓等）leeches, earthworms）	22	65	5	92
水熊蟲 Tardigrades （水熊）（waterbears）	3	59	18	80

分類單元 TAXON	舊紀錄 生物多樣性 普查前的所 有分類單元	新紀錄 生物多樣性 普查後的所 有分類單元	科學的 新發現	總記錄
蛛形目 Arachnids				
蟎（mites）	22	227	32	281
蜱（ticks）	7	4	0	11
盲蛛（harvestmen）	1	21	2	24
蜘蛛（spiders）	229	256	42	527
蠍子，擬蠍（scorpions, pseudoscorpions）	2	15	0	17
甲殼綱 Crustaceans				
螯蝦（crayfish）	5	3	3	11
橈足類、介形蟲等 （copepods, ostracods, etc.）	10	64	26	100
唇足亞綱 Chilopoda （蜈蚣等）（centipedes）	20	17	0	37
綜合綱 Symphyala （symphalans）	0	0	2	2
貧足綱 Paurupoda （pauropoda）	7	25	17	49
倍足綱 Diplopoda （馬陸）（millipedes）	38	29	3	70
原尾目 Protura （原尾蟲）（proturans）	11	5	10	26
彈尾目 Collembola （彈尾蟲）（springtails）	64	129	59	252
雙尾目 Diplura （dipulrans）	4	5	5	14
石蛃目 Microcoryphia 石蛃（jumping bristletails）	1	2	1	4
纓尾目 Thysanura （衣魚）（silverfish）	1	0	0	1
蜉蝣目 Ephemeroptera （蜉蝣）（mayflies）	75	51	8	134
蜻蜓目 Odonata （蜻蜓、豆娘）（dragonflies, damselflies）	58	35	0	93
直翅目 Orthoptera （蚱蜢、蟋蟀、螽斯） （grasshoppers, crickets, katydids）	65	37	2	104
其他直翅目 Other "Orthopteroids" （蜚蠊、螳螂、竹節蟲） （roaches, mantises, walking sticks）	6	7	0	13
革翅目 Dermaptera （蠼螋）（earwigs）	2	0	0	2

分類單元 TAXON	舊紀錄 生物多樣性 普查前的所 有分類單元	新紀錄 生物多樣性 普查後的所 有分類單元	科學的 新發現	總記錄
翅目 Plecoptera （石蠅）（stoneflies）	70	48	3	121
等翅目 Isoptera （白蟻）（termites）	0	2	0	2
半翅目 Hemiptera （真蟲、跳蟲）（true bugs, hoppers）	276	361	3	640
纓翅目 Thysanoptera （薊馬）（thrips）	0	47	0	47
囓蟲目 Psocoptera （樹虱）（barklice）	16	52	7	75
蝨毛目 Phthiraptera （虱）（lice）	8	47	0	55
鞘翅目 Coleoptera （甲蟲）（beetles）	887	1,580	59	2,526
脈翅目 Neuroptera （草蛉、蟻獅等） （lacewings, antlions, etc.）	12	38	0	50
膜翅目 Hymenoptera （蜂、蟻等）（bees, ants, etc.）	245	574	21	840
毛翅目 Trichoptera （石蠶）（caddisflies）	153	82	4	239
鱗翅目 Lepidoptera （蝶、蛾）（buttflies, moths, skippers）	891	944	36	1,871
蚤目 Siphonaptera （跳蚤）（fleas）	17	9	1	27
長翅目 Mecoptera （蠍蛉）（scorpionflies）	15	2	1	18
雙翅目 Diptera （蠅類）（flies）	599	651	38	1,288
脊椎動物 Vertebrates 魚類 fish 兩棲類 amphibians 爬行類 reptiles 鳥類 birds 哺乳類 mammals	70 41 38 237 64	6 2 2 10 1	0 0 0 0 0	76 43 40 247 65
總數	9,470	7,799	931	18,200

* 文獻來源：Becky Nichols, Entomologist, Great Smoky Mountains National Park (as of March 2014)

II

神的物種

你可能認為生物多樣性的研究方法與傳統的生物學不同，但兩者之間不但不相悖，還可以相輔相成。細胞與腦有如生態系，等同於雨林、稀樹草原、珊瑚礁、高山草甸等等。我們必須先找出它們組成部分的地理分布與生態功能，經過描述後找出各組成部分之間的關聯性，始能窺其全貌。但是，有關生命的許多器官系統的研究大多在實驗室進行，即使是在一平方公尺桌面大小的實驗空間，也可能有科學上的重大發現；相對地，生物多樣性的研究（不論稱之為生物多樣性學研究、科學的博物學研究、還是演化生物學研究），研究範圍則廣大到涵蓋了整個行星的表面。

科學家有兩類。第一類是為養家餬口而以科學為職業的；反之，第二類是為追求科學而找口飯吃的。我認得的所有科學的博物學家幾乎都屬於第二類。他們是所有科學家中工作最賣力、但競爭心最低的一群；他們也是受薪最低、且榮耀最少的一群，因此除了為科學之外，沒什麼其他的誘因。當一群博物學家碰頭時，他們很少說三道四不在場的同儕，而是聊一些新發現與突發

的消息。(「我聽說彼得在薩爾瓦多墜落一處山谷,你知道他還好嗎?」)

幾乎沒有例外,大家都不會藏私。相反地,這種特質是把所知道的都公諸於世。如果你在一群生態學家身旁,可能斷斷續續地會聽到:「你有沒有聽說芭芭拉在褐色擬掠鳥的巢裡發現一種古怪的共生性蝨斯?我想是在蘇利南。」或是「鮑伯要到阿爾泰山研究地衣,俄羅斯允許他在中海拔高山上搭營六個月。好傢伙,要是讓我到那裡一個禮拜收集小蠹蟲,我會樂翻的!至少就小蠹蟲而言,那裡還是未曾研究過的處女地。」

以下舉個真實的例子。

二〇一四年四月二十七日,艾德·威爾森(Ed Wilson)與《莫比爾申報》(*Mobile Press Register*)的班恩·雷恩斯(Ben Raines)談阿拉巴馬州南部的莫比爾—滕索河口三角洲(Mobile-Tensaw Delta)的洪泛平原的森林。威爾森說:「聽說這裡有細腰貓出現,那真是增加哺乳動物物種紀錄的天大消息。」(細腰貓是一種罕見、隱蔽的貓科動物,其自然分布是從美洲熱帶之北部到東部,到德克薩斯州。在佛羅里達州及可能在墨西哥灣海岸皆有引進的族群。)

雷恩斯:「哦,是哦?你見過細腰貓的照片?」

威爾森:「沒有。我以為你要告訴我,沒人有細腰貓的照片或皮毛。但是這個謠傳至少還滿有趣的。此細腰貓有一天也可能會現身。等著瞧吧。」

我認為,有這種談得來的話題的原由是:只要受過訓練,一個略為積極、有敏銳觀察力、還有用不完的驅蚊藥的博物學家,

就幾乎有無限的機會等待他們去發現新事件。對一個孜孜矻矻工作的人來說，每週平均新發現的回報是出奇的高。這就跟在路易斯安那州的鯰魚池垂釣一樣：只要掛上魚餌、投下魚鉤，屢次不爽的都會有魚上鉤；只消呼吸三次，魚就被拉上來了。每一回到野外調查，或到博物館典藏部走一趟，都會有真實價值的科學自然史之發現。當然，你得先對該物種了然於胸。

自然學家、正如其他的科學家，都滿懷重大發現的夢想，追求沒有人意想到的或至少是晦澀難懂的現象，期待寶貴的謎底揭曉的剎那。我們也有自己要終身追求的珍寶，其中人人要尋找的是演化上失落的環節：例如，演化為鳥類的是哪類恐龍，演化為兩棲類的是哪類肺魚，或是演化為人的是哪類猿。

同樣令人興奮難抑的，是重新找到已被認為滅絕的物種。這挑起了我值得回憶的幾個夢想。我划著一葉扁舟，滑過海岸洪泛的森林裡頭的溪流，瀏覽查克托哈奇河（Choctawhatchee River）的景色。河流經過佛羅里達州狀如平底鍋柄的潘漢德爾（Panhandle）狹長地帶，然後注入墨西哥灣。我聽到一種怪異而熟悉的「披尹特、披尹特」與鳥喙敲擊闊葉樹幹的鳥聲兩次。我想著，那聽來像是……但是，不可能。但是，是的，很可能。難道不是？

夢中一對大啄木衝進來，撲向眼前約二十公尺外的一株落羽杉樹幹。然後有鑿出一隻甲蟲的蛹蟎之際，又是兩聲尖銳的敲擊聲。

我舉起雙筒望遠鏡。千真萬確。黑色的身體與尾羽閃著明亮的一對白主羽，雄鳥頂著鮮紅的冠羽。象牙嘴啄木！但是，我想

了一想，不可能！或許我記錯了田野鳥類指南的記載。不，我得相信自己的眼睛。經過證實的象牙嘴啄木最後一次現身是**一九四四年**，在路易西斯安那的辛格區（Singer Tract）。我知道我在幻想。我還記得二〇〇四年，在阿肯色州畢格烏茲大林澤（Big Woods）的一瞥是另一次錯誤。那是常見的一隻北美黑啄木，卻酷似象牙嘴啄木。同時我也記得稍後一隊觀鳥客的報導，在佛州查克托哈奇河的洪泛森林中見到一群象牙嘴啄木。但是這項報導也未獲證實，至少現在還沒有。

讓我們從白日夢回到現實，自那隊觀鳥客報導見到象牙嘴啄木之後數年，我到了查克托哈奇河上游一趟。即使沒有見著象牙嘴啄木，也算是一趟震撼之旅。查克托哈奇河是一條當地典型的海岸河流：有茂密的亞熱帶洪泛森林、許多不知流向何方的小支流，處處生命盎然、目不暇給。數種庫塔龜（cooters，**暫譯**）與滑龜（sliders，**暫譯**）從橫倒在地的大樹幹之樹枝滑下，眨眼間就不見蹤影。在更上游處有寬吻鱷，有的體型碩大，快速衝進水裡。

我帶著一絲淡淡的希望，心想可能會目睹象牙嘴啄木。結伴同行的是戴維斯（MC Davis），他也是這次招待我的主人。他是墨西哥灣沿海的一個大地主，也是保育人士，他對這地區瞭若指掌，但他對我的期望只會澆冷水。他說：「喂，假如我要弄清楚象牙嘴啄木，我會到上游，跟當地河邊沿岸的居民談談，順便帶著好報酬給提供象牙嘴啄木族群證據的人，而且我不是指的死鳥。」

無論如何，有一天我跟一群博物學家在戴維斯翻新裝修過的

穀倉用早餐，同時大家準備當天田野調查的事宜，不久談到附近的查克托哈奇河一帶可能有象牙嘴啄木。大家對此可能都不看好，有人說要放一段鳥聲錄音給我們聽聽，畢竟誰會輕易相信這檔事。但我們卻聽到了**披尹特、披尹特**的叫聲。

當場一位有經驗的觀鳥人士輕聲說：「那是一隻象牙嘴啄木。」雖然有可能，但我是一個實事求是的人。我懷疑錄音帶是六十年前在路易西安那州辛格區錄下的。象牙嘴啄木是美國最壯觀的鳥之一，與美洲鶴及加利福尼亞兀鷲齊名的傳奇鳥種。象牙嘴啄木因其生存所依賴的落羽杉林與其他巨樹遭到砍個精光，而步步走向滅絕之途，辛格區是牠最後的避難所。而當該處的林木被砍伐殆盡，象牙嘴啄木這個物種就消失了。

正是如此，再靜心想一下，想像你在有了此一歷史性的發現後會說的第一句話。你所知道的不過是：如果你在一百年前住過美國的南方，當時的象牙嘴啄木已屬罕見物種，你先前也從未見過，你可能會喊出當時常掛在嘴裡的一句話：「上帝啊，那是什麼？」任何人都會大吃一驚的；會像我（在哥斯大黎加）的奇遇般，一對大型啄木鳥從身邊二公尺半遠的不知何處，與我頭部齊高的位置，突然飛降而來──誰都能體會我的驚呼之聲。

因此，象牙嘴啄木有了「上帝之鳥」的稱呼。

我說這個故事並不是在洩你的氣，不要你去查克托哈奇河，而是希望有助於傳達博物學家的熱情。我們博物學家每個人往往都會發現至少一個物種，不論是新種或是從被遺忘中重見天日的物種，或是只是罕見與意外發現的物種；當發現之時，都可能叫做「主耶穌耶和華的時刻」。這個時刻可能在野外的任何之處與

任何之時。每個人的專業不同，出現的動物可能是一隻主耶穌耶
和華蠑螈、主耶穌耶和華蝴蝶、主耶穌耶和華蜘蛛、或甚至是生
物多樣性大名單內的物種，從最高分類層級依序往下分類，直到
主耶穌耶和華病毒為止。每一個仍活著的物種，對我們而言都是
珍貴的。博物學家是為我們的「主耶穌耶和華的時刻」而活。我
們想要為未來世代的人們保留這種經驗。

一隻劇毒的中美洲棕櫚矛頭蝮蛇（*Thamnocentris [Bothriechis] aurifer*）
口中的一隻黑眼葉泡蛙（*Agalychnis moreletii*）。
《倫敦動物學學會會誌》，1848-1860。

12

未知的生命之網

科學家與一般民眾對於拯救生物多樣性顯然都感同身受，就是必須了解物種彼此之間如何相互影響，以形成生態系。然而，我們對所研究的生態系內物種間相互影響的各種關係之知識竟如此淺薄；生物多樣性仍是有待科學家推展的科學；如今解決最簡單的保育問題之答案屈指可數。

做為一個有田野經驗與理論研究的生態系科學家，我有責任一再強調並堅持此生態學重要分支知識之不足與不當之處。傳統生態系研究特別不足之處，在於說明物種之間相互影響的方法。當然，已有複雜精緻的數學模式可供套用。而當數據很少時，數學模式也很容易製作——簡直可說是易如反掌。

不要誤會我的意思。生態的每一個層級* 都得要研究，這方面的研究也令人趨之若鶩與難以抗拒。對於數學背景深厚的年輕科學家來說，生態研究提供了光明的人生前途，甚至能提供頓然開悟的瞬間機會。不過，年輕科學家若以此做為當代純科學研究

---

* 譯按：層級是指基因級、物種級、生態系級等三個層級。

的專業，結局甚至會比經濟學研究還糟糕。這個處在研究領域邊緣的科學，其困難之處在於生態系內物種的分類檢定，與取得物種的自然史的數據——就如同經濟學研究個人的先天與後天行為那般困難。此外，這些隨處存在的東拐西彎的非線性特性，＊有如當你集合真實的角色〔指研究物種與生態系之際，其表現之行為有如逃逸鰻魚的掙扎扭動〕在一個系統內，而你根本無法預知其結局。整體而言，理論學家還未能掌握真實世界近乎無限的複雜性，所牽涉的角色（即物種或人類）不止是二或三個，而是極為龐大的數目，多到無法確定的數目。

有少數例子可看出，生態學家可從既有的資料庫裡找出數據，並用統計學算出統計學上的「淨相關」，顯示環境變遷的原因。其中一個例子是全球暖化引起的針葉樹林內樹皮小蠹蟲增加族群數量，隨後森林火災發生頻率增加；這個已是公認為一般的關係了。另一個例子是生態系裡的物種數減少時，其生態棲位的平均寬度會增加，此關係見諸北方溫帶與極圈的生態系；平均而言，個別物種在此棲位的數量也會增加，它們消耗的食物種類也會較多。此外還有一個全球性的趨勢，地衣、針葉樹及蚜蟲的物種多樣性，越往北方越多，而在相同地理緯度內，蘭科植物、蝴蝶與爬行類等物種則對應地減少。然而一般來說，只有在所研究的生態系面積較小、及該生態系的生物多樣性較簡單時，環境變遷才會成為改變生物多樣性的關鍵因素。

生態學，有如所有的其他科學，係由不同主題構成，且最好

＊ 譯按：指因與果不成比例的難預測事件。

是從最底層往上著手才能精通。首先你發現了某些現象，或是推斷有這種現象的存在，然後解釋其因果關係，運用手頭現有的資料解釋似乎的可能瀕危關聯性。用現有的解釋，加上你的知識或靈感去設計可能的研究內涵（即假說），最好有多種解釋用來取決哪種解釋最為可能。依此方向，你再去搜尋更多數據改善你的理論，改善的理論有時可能（有時不可能）對你觀察的每一個現象與部分的空間格局**有更多的啟發。如果你還是無法解釋整體現象，至少你可以藉之轉向開創性的新研究路徑。

　　科學研究因此很少是直截了當的，很少會只經過數個突破便飛抵成功頂端。科學研究的進展往往會偏離方向、衝錯方位、一再重新規劃、無數錯誤詮釋、增加內容、耐心等待、四處詢問、精修描述各節、鞏固因果關係。然後，會像是洞穴岩壁的一線裂隙般，透出一道導航之光。

　　上述幾乎是所有成功的科學的必經路程。顯然地，生態學的這條路還是鋪得不夠好。推展生態系的結構與功能之研究所需的數據大多闕如。讓我們不厭其煩地請教生態學家：如果我們尚且不能精確知道調控並推動能量流與物質循環的精良引擎之昆蟲、線蟲，及其他小型動物的身分，我們如何能了解森林或河流生態可永續性的深奧原理？讓我們談談海洋，我們居然在二〇一三年才首度發現海洋中數量極多的噬菌病毒的掠食類生物，為什麼呢？一種稱為皮米（Picozoa，**暫譯**）的超細微生物，可能是海洋中消費海洋「暗物質」的膠質之關鍵環節，亦於二〇一三年才首

***

** 譯按：空間格局是指生物體與其環境互動的結果形成的空間結構。

度被描述其構造解剖，並將之歸類為第二高層級的新「門」。就憑這一點，我們怎能確信已了解海洋生態系？*

　　生態學做為一個獨立科學的有其不足之處，容我以另一個方式說明。每一個科學的嚴謹性必須經過一段自然的歷史階段，才能綜合成受重視的成熟理論。地球上至少有三分之二的物種不為人知與未曾被命名，而三分之一已知物種中，每千種中不到一種做過透徹的生物學研究。同樣地，生理學與醫學如果缺乏人體器官與組織的紮實知識，也無法進步（也無法適當地授業與解惑）；少了建構每個生態系內物種的紮實知識，也就不能預期生態系之解析會有未來的重大進展。

　　傾向接受人類世哲學觀的作家與代言人只看到生態系的層級，其所受的教育似乎對物種層級的生物多樣性的本質與意義一無所知。研究物種層級的生物學學者，等同研究細微腦神經學的學者，那些信奉人類世的人把物種視為生態系內可一再更換的部分，這比起十九世紀以頭顱外形來研究腦顱相學的學者高明不了多少。

　　因此，眼前的生態系最需要的研究工作，在於研究生物多樣性的物種層級。從分類學著手研究生物多樣性。分類學者去發現新物種並鑑定該生物的各種性狀之差異，如分類學、解剖學、基因學、行為學、棲息地等等。所有這些資訊都具有實用價值。假設有一種不知從何處來的新引入的果蠅，已威脅到美國西部的首

---

* 譯按：皮米是海洋單細胞生物，動物分類中的一個「門」，是從其他生物獲取所需營養的真核細胞，全長不過數毫米。

蒔田。此入侵種的學名與性狀為何？牠來自何處？在其原生地的寄生生物與其他天敵為何？還有什麼已經知道的果蠅生物學可以用來協助防治？一直等到每一樁緊急事件發生，才開始必要的基礎研究，這是不夠明智的。請務必記住，全世界各地這類入侵物種生物的數目都正以指數倍增。其中難以控制的大軍是潛在的有害生物，另一小部分是會致病的微生物，還有一部分是昆蟲與其他生物體攜帶人畜互傳的致病微生物。

再考慮另一個越來越緊迫的保育問題。在二〇一四年，油棕業者申請砍伐一半面積的婆羅洲熱帶雨林，要變更為油棕地，剩下一半的面積劃為保留地。如果成真，這種大面積的摧毀行為對婆羅洲的生物多樣性會造成什麼樣的衝擊？婆羅洲的保留地在東切西割後，全部物種會活得下去嗎？或則有八成、或則有一半活得下去嗎？在雨林變更為農地的作業過程中，在全世界他處沒有的物種會毀於鏈鋸下嗎？依過去天然林地變更為農地之經驗，物種多樣性喪失一般雖不及五成，但也在一成到二成左右，其中有許多物種只分布在受到摧毀的那一半面積裡，在科學界不知道其存在之前已永遠喪失，或終究提早滅絕。

還有一個沉迷在人類世看法的人士之問題。他們宣稱這個世界已經沒有自然野地了，地球早已是個二手行星，而要保護下來的自然野地早已死亡或正走向死亡。他們又說，把更多人放進這個人類世的大地的時間到了，人要與野生物種活在一起，採用兩者共居的方式，達到互蒙其利的共生。至於有多少物種、及多少自然會存活下來？人類世的支持者一問三不知，而夠格的科學家正殫思竭慮地追尋答案。

　　我一再強調，必須以「物種」做為生物多樣性層級系統（由生態系、物種、基因等三層級組成的系統）中的層級單元，而且必須透徹地加以研究，做為拯救全體生命之實用目標。有哪些工作是必須做的呢？每個物種的歷史都可設想為一部漫長的敘事詩。「一個物種」的全部生物學也可是一位科學家的終身事業。縱然有一百位科學家專注某個物種，我們對該物種的知識仍然是斷簡殘篇。困難之處是物種所在的棲位（即該物種與其他物種緊密生活之地區）知識，包括棲位內的獵物、掠食動物、身體內外的共生生物、依靠土壤與植生的專化物種。在棲位內的物種，我們發現沒有一個物種可以獨自活下去。當我們讓一個物種死亡，同時也去除了它所維持的生命關係之網，所造成的後果科學家也不甚了解。取走了原始之野性，我們的舉動是愚昧的，造成的浩劫是永遠的。我們割斷生命之網的許多連結線段，所改變的生態系之巨大是無法預期的。正如先驅的環境學者巴里‧康芒納（Barry Commoner）的生態學第二定律所觀察到的：「你不能僅僅做一件事。」

　　鞏固生態系的主線是食物網。正如初級生態學課本所教的，昆蟲啃植物、鳥吃昆蟲、植物用果實與種子餵鳥、鳥的排便會散布種子、鳥糞又可促進植物生長。在一個只有幾個物種的小生態系內，靠掠食動物與獵物的關係，及其與共生生物的組成的簡單生命網，是有可能靠數學建構出其模式的，亦可能預測族群量之循環波動、分散播遷及物種持續的生存。但是這類模式能反應生命界的真實性嗎？

　　除非給予很大的誤差寬限，否則這些模式是不太可能反映生

命界之真實性的。生態學家心中早已有定數，在自然中如此簡單的生命之網是少之又少的，其理我已強調過。這個真實的世界，在探索其科學的自然史後，顯示出物種間的關係往往是意想不到的奇特與難解，遠非一般人能體驗的。我試舉數例說明之。

一、吸血動物

已知全球有五千種跳蛛，大部分的跳蛛腿短、體粗與毛多。跳蛛雖不結網，但會隱密地在地面與植物上潛伏慢行，靠著大眼睛找獵物下手。一旦瞄到獵物，跳蛛會在靠得夠近時躍撲而上，敏捷如貓。跳蛛體型大小差別很大，如果將最小的跳蛛比喻為家貓，那麼最大的跳蛛就像野獅。如果有這麼一個日子，你心情輕鬆的在後院看報紙，你看見到一隻小小的、胖嘟嘟的蜘蛛，在報紙上急急的忽東忽西的又奔又跳，這隻不速之客，幾乎鐵定是跳蛛。蜘蛛精於狩獵，有些專獵螞蟻，有些會獵其他種類的蜘蛛。有一種東非獵蛛（*Evarcha culicivora*）喜歡獵蚊蟲，但非隨隨便便的蚊蟲就可以，得是剛剛吸過人或其他脊椎動物之血的雌蚊。東非獵蛛尤其會活在住家屋舍附近，對控制瘧疾略有貢獻。獵蛛的種名是「蚊虎」之意。

二、巫毒師*

第二個例子是巫毒師，是演化出獨創靈巧之寄生物。歐洲舞

---

* 譯按：巫毒師是指海地巫毒教的巫師，被下了毒的人會成為巫師的奴隸，終身替巫師工作。

毒蛾的幼蟲（毛毛蟲）為了逃避鳥與其他掠食動物，白天會藏在樹皮下，夜晚來臨便爬回樹頂吃樹葉晚餐。但是，當毛毛蟲被某種病毒感染時，特別是一種核型多角體病毒（nucleopolyhedrovirus）的感染，原來的白天習性便會倒行逆施，這種病毒偶爾會感染整個舞毒蛾族群，造成致命的集體死亡效應。這種病毒會改變毛蟲的腦，誘使其在白天爬到樹頂。上了樹頂的舞毒蛾毛毛蟲的身體會化成一灘液體，釋放一陣病毒霧氣，感染其他毛毛蟲，尤其雨天的效果更強。

　　一種蟲草屬（Cordyceps）的真菌，許多人稱為冬蟲夏草的真菌，也會施展同樣的巫毒術般的控制作用，它可感染植物上覓食的螞蟻。受感染的螞蟻在牠們臨死時，會用大顎夾緊葉脈，這個行為確保蟻屍固定在當地，不會再移動與墜落。然後真菌在蟻屍上發育成長，散布其孢子至空中，散落在其他螞蟻身上。

三、使詐老千

　　物種規規矩矩的演化往往包括矇騙耍詐。遍布自然界的植物與動物會釋放假信息，用欺騙手段完成生命循環。其中盜術最高段的是美國西南部的一種甲蟲，叫做斑蝥（Meloe franciscanus）。斑蝥耍的一套詐術是偷偷取得活在同一個棲地常見的獨居蜂（或蠃，Habropoda pallida）的資源。雌斑蝥先在獨居蜂經常採花粉與花蜜的植物基部產卵。卵孵化後，一群斑蝥幼蟲爬上植物，並聚集成一個球塊。這群小騙子隨即釋放一種雌獨居蜂用以吸引同種雄獨居蜂的氣味物質。然後，斑蝥幼蟲趁機都爬上上當的雄獨居蜂之背部。當雄獨居蜂碰上真正同種的雌獨居蜂、並與之交

配的時候，斑蟊幼蟲轉而爬到雌獨居蜂的背部，一路搭順風車到雌風蜂的巢裡。斑蟊幼蟲到了目的地，便爬下雌獨居蜂的背部，偷吃獨居蜂巢內儲存的花粉與花蜜，還會吃雌獨居蜂產的卵。

　　蘭花是植物世界的超級老千。蘭花的矇騙行徑罄竹難書，寫成一部百科全書綽綽有餘。蘭科植物有一萬七千種，是開花植物中最大的一科。蘭花使出千方百計的騙術之目的，無非是誘惑昆蟲來送花粉到同種蘭花植物的身上。舉個例子，有些蘭花長得活像某種雌胡蜂。當雄胡蜂停在蘭花上欲做交配之際，蘭花的花粉團便紛紛黏著上當的雄胡蜂。有些種類的蘭花靠釋放雌蜜蜂的氣味而吸引雄蜜蜂。至少有一種蘭花會釋放急於採蜜的蜜蜂的氣味，吸引一種專門獵捕這些蜜蜂的胡蜂。身上沾了假蜜蜂蘭花花粉的胡蜂，最終只為蘭花授粉，而不是尋找同種的配偶或去收集糧食。

四、蓄奴動物

　　有許多社會性昆蟲會有極端適應性的古怪行徑。在北方溫帶氣候區，數百萬年來高潮迭起的螞蟻蓄奴戲碼從未間斷過。許多種螞蟻會突襲其他種類螞蟻的聚集窩巢，趕走防禦的成蟻後，劫持手無寸鐵的蟻蛹。待蟻蛹孵化，劫蟻扶養這些俘虜奴隸，加強劫蟻的工蟻兵力。最過分的劫蟻活像古代斯巴達戰士，每天的全部勞力全靠奴蟻做。這種技倆是螞蟻的天生性狀，無一例外：當蛹孵化出成蟻之際，頭數天在蟻窩內的氣味籠罩下停止發育。從那刻起直到歸西，那些蟻奴具有姊妹蟻的身分，劫蟻對待奴蟻如同姊妹，奴蟻過著不像真正被奴役受迫害的螞蟻之生活。

蓄奴蟻是勇猛的戰士。強大有力的鐮刀狀大顎，可鉗死或重傷盯上的其他蟻群。我研究過的一種螞蟻，透過「宣傳用」的物質，達到相同的結果。

劫蟻發動攻擊之際，釋放大量的一種化學物質，做為驚嚇防禦蟻的警示信號。受困工蟻之驚恐，像人陷在四周突然響起高分貝的火災警報般的驚魂失措。劫蟻自身並不受警笛的影響，牠們只受到自己的費洛蒙之吸引。

要是蓄奴蟻沒有俘虜蟻的勞力會如何？有一天我決定找出謎底，我搬走養在實驗室整窩蓄奴蟻內所有的奴隸蟻，讓蓄奴的戰士蟻自行過活。戰士蟻缺乏工作經驗，卻要做過去奴蟻的工作，因此做得一塌糊塗。戰士蟻照顧幼蟲時既懶散又怠工。牠們先把幼蟲與蛹啣起，搬了一段路，就把幼蟲與蛹丟在不該放的地方。我甚至把食物屑放在窩的入口處，但戰士蟻把食物搬進窩裡的力氣都沒有。

倘若許多生態系的蓄奴蟻消失了，其內棲息的多樣物種的命運會變成怎麼樣？我一無所知。寄生生物的衝擊學是自成一門的獨立學科。

五、大殺手

每當博物學家首度研究一種先前未知的物種時，往往不知如何著手。例如，當博物學家思考動物之間的一般獵捕現象之際，他們往往想的是掠食動物與獵物的體型相當，或掠食動物比獵物大得多。但是，事實上不盡是如此。鳥可啄食昆蟲，狼群可在盈尺的雪地扳倒馴鹿，而母獅群甚至也可制服體型大的象。這些掠

食動物與獵物間的體重之懸殊大多不會超過十倍。但也不乏有例外，其中螞蟻便是例子。南美洲雨林的傘樹（*Cecropia obtusa*）棲息著一種阿茲特克蟻（*Azteca andreae*，**暫譯**），其狩獵工夫可說是一等一的。多達八千隻工蟻排列在一片傘樹葉背面的下緣。守候著，大顎張開，蓄勢待發。每當有一隻昆蟲落到葉上，阿茲特克蟻的伏擊部隊從四面八方衝過去，同心協力釘住並壓制這隻昆蟲。這種戰術，不論昆蟲獵物體型有多大，幾乎沒有一隻逃得了命的。我把一隻獵物搬到一個安全之處，量了一量，那隻昆蟲的重量是一隻阿茲特克工蟻的一萬三千三百五十倍。這種令人驚異的新奇狩獵手法，相當於早期人類獵捕長毛象，在自然界應是數一數二的罕見。

我在上面所選擇的物種間互動的例子，皆為自然界異常獨特的行為，但我皆有其用意。首先，當然是先抓住你的注意力，畢竟昆蟲並非人見人愛的動物。但是這些例子也顯示了生態系研究的一個重要原則。你自己想像，在這個行星有這麼一個棲位，演化出動物的體能辦得到的可能性。（譬如，動物不能每小時跑一百六十年公里或能消化鐵礦。）地球上數百萬物種，其中會有一種或更多種的生物體可能棲息在你所選定的棲位內。依照這個原則，從物種為單元擴大到生態系為單元，沒有什麼比達爾文在《物種原始》一書的結尾更為恰當了：

> 凝視一長條樹叢莽莽的河岸，其上長著青蔥繽紛的各種植物，眾鳥在草叢上啁啾，昆蟲在草叢間飛舞，蚯蚓在濕潤的土內緩緩鑽動，要反映出這類精巧構成的多樣表

現形式，又如此地各具其形式及相互不能分離的如此複
雜生活方式，這也都是作用於我們四周的法則下產生
的，誠不可思議也。

就那些認為自然主要是由植物與大型脊椎動物所構成的人，
我的回應會是：你要環顧你的四周，看看那些推動地球運轉的小
東西。就那些自認為能用少數物種的數學模式便能設想出生態系
運作的人，我會說：你活在一個夢幻的世界。還有，對於那些相
信一個受到傷害的生態將會自行療癒、或者用執行同樣工作的外
來種來替代原初鄉土物種或復原一個受傷的生態系，我會說：在
你造成傷害前，再三思而行吧。

正如成功的藥物要依賴解剖學與生理學的知識，保育科學也
得依賴分類學與自然史的知識。

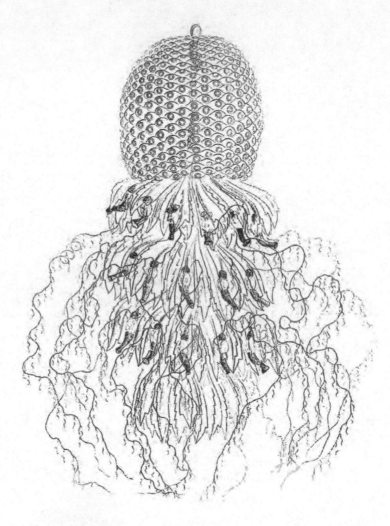

群居的一種葉水母（*Forskalia tholoides*）。本圖修改自
恩斯特・黑克爾（Ernst Haeckel），1873-1876 的作品。

13

水的世界

地球表面覆蓋著兩類不同的生命世界，各有其截然有別的生態系配置。這兩類的生命世界之生物多樣性，在層級系統上基本是相同的，這層級系統由上往下依次為生態系、物種、基因等三個層級組成，相同的是這三級都面臨毀滅之威脅。但其餘的性狀則不相同。

要解釋清楚這些關係，我不妨帶你走一趟。你隨著我來到海邊，遠眺大地與天空的廣袤環境，看起來就像站在另一個行星上。如果你縱身入海，又沒有維生設備的系統，你活不到十分鐘。海底面積廣大，事實上從未有人類去過那廣大面積的海底，更別說是貼近海底觀察了。

「人類世」事件發生之前，大半的海洋世界一直是獨立存在於外的，但這情況到了二十一世紀初就快速改變了。人類已染指了最遠與最深的海洋水域，尤其侵入可掠奪糧食與其他資源之處。我們的生態足跡在擴張：水體在暖化與酸化、珊瑚礁正沒入海中，有些地區的珊瑚礁在炸藥下屍骨不存；公海照常地遭受過度捕撈；海床因海底拖網捕魚作業成為沒有生命的泥漿；髒汙的

河口三角洲把海底抹成生命杳無的死亡之域。

　　然而大部分的海洋生物多樣性還健在。雖然海中許多物種的族群已在減少，其地理分布範圍也在縮減，但已瀕臨滅絕的物種並不多。多處海洋仍然可見許多物種群共處在健康的海洋生態系內。大部分的海洋甚至還未受人類凌虐，有待我們探勘。這點我會接著說明。

　　我們就從海灘開始吧。你不妨站在低潮碎浪帶的濕漉漉的沙地海灘上，長浪沖來淹過你雙腳周圍與腳背，沖走腳下的沙粒，然後堆在腳背上。現在來想想生物學。浪花似乎沒有生命，海灘上只有海水與浪花淘淨的沙粒罷了。事實上正巧相反。碎浪是無數的、此處獨有的無脊椎動物之家園。這裡的無脊椎動物有大有小，體型變化多端，有子彈狀、拇指般的小蟬蟹在沙子裡鑽動，而絕大多數的生物微小到肉眼難見。

　　這些生活在海底的陌生小型動物（meiofauna），如同該稱呼（meio 在希臘語中有「少」之意）所指涉的、特以其棲地的平淡簡單而得此名；其令人大開眼界之處，不只是涵蓋的物種多樣而已，裡頭許多物種的分類等級還高高居於上位呢。如果在陸地上，你走到森林的邊緣、仔細記錄動物的多樣性，你很可能會發現下列七個動物門的物種：脊索動物門（鳥類、哺乳類、兩棲類）、節肢動物門（昆蟲、蜘蛛、蟎、馬陸、蜈蚣、甲殼類）、軟體動物門（蝸牛、蛞蝓）、環節動物門（蚯蚓）、線蟲動物門

---

* 脊索動物門（Chordata）；節肢動物門（Arthropoda）；軟體動物門（Mollusca）；環節動物門（Annelida）；線蟲動物門（Nematoda）；水熊蟲動物門（Tardigrada）、輪形動物門（Rotufra）。

（蛔蟲）、水熊蟲動物門（水熊蟲）、輪形動物門（輪蟲）；*但是到了海邊碎浪帶的沙粒與沙粒之間，你不難找到有兩倍於上述的動物門（你可能會不禁叫嚷：「老天啊！」）。這些物種包括內肛動物門、腹毛動物門、顎胃動物門、動吻動物門、線形動物門、紐形動物門、鰓曳動物門、星蟲動物門，及緩步動物門。**這些動物無所不在，與我們熟悉的軟體動物、多毛綱蠕蟲、輪蟲及甲殼類動物分布在一起。常見的小型動物大小多如蠕蟲一般，能在密實的砂粒間快速移動。牠們靠滑溜的身體找吃的、逃離被吃，也靠滑溜的身體交配與繁殖。

有關小型動物及其在全球海岸生態系的生態位置之研究仍在起步階段。各物種間多重關係之研究大多闕如。但地球上環境變動很大的生態系內的這些陌生物種，卻是生命圈內的重要部分，其數量之多也非你我所能想像的。雖然這些小型動物可能生活在寬度不過一公里的狹窄帶狀地面，但是地球的海岸線總長度可是高達五十七萬三千公里，相當於地球到月亮的距離；兩兩相乘後，總面積約等於德國國土一般大。

我們繼續來到大家耳熟能詳的海外珊瑚礁。珊瑚礁的結構體大而複雜，生物多樣性很高，有「海之雨林」讚譽；其分布可從海岸邊延伸到汪洋無際的海域，以及海面表層之下的空間。在這分布著靠風力漂移的生物體的區域，其特殊性連許多海洋生物學

** 內肛動物門（entoprocts）、腹毛動物門（gastrotrichs）、顎胃動物門（gnathotomulids）、動吻動物門（kinorhynchs）、線形動物門（nematodes）、紐形動物門（nemerteans）、鰓曳動物門（priapulids）、星蟲動物門（sipunculans）以及緩步動物門（tardigrades）。

家都感到陌生。這裡是大氣與海洋交界處形成表面張力之海面，有特化的生物體活在海面上下之處。它們雖然分散零星，但在海洋中卻無所不在。它們生活在漂浮海面的孤立小島（多為有機物）、稍大的小島（魚屍與海鳥屍）、或小到肉眼看不見的藻類碎屑與黏液上。

所有的有機碎屑都是各類活生物體群聚的家園。住在碎屑上的生物多半是各種細菌，也有可能是的古菌；古菌類似細菌，但其DNA則遠遠不同。這些漂到碎屑上的小型動物體，也像新到一般海島的其他植物與動物一樣，先是繁殖興盛，繼而把所有可用的營養盡數用光。

整個海洋與內陸海內，細菌與古菌附在碎屑的表面浮著，但它們也在海面下載浮載沉，那些四處漂泊的動物靠光合作用獲得物質與能源。其所形成的景象大抵是：不論海水看起來多清澈，海水內的生命都繽紛盎然。

因為我是專業的昆蟲學家，所以我對海洋昆蟲特別有興趣。由於昆蟲有數百萬物種，與構成陸地動物生命優勢地位的驚人生物量，若我想知道海洋環境棲息著多少昆蟲，豈非相當有趣？答案是幾乎無人知曉——這點也成為引人入勝的科學神祕亮點。

在我對島嶼的研究中，我曾發現有毛蟲活在美國紅樹的水中支持根裡。美國紅樹是紅樹屬中分離岸最遠的紅樹林植物，也是全球紅樹屬中分布最廣的紅樹。但是近陸地的紅樹林棲地與珊瑚礁生態系之間相當遠，離深海也就更遠了。

在海洋的世界裡，除了海面之外是沒有昆蟲的；即便是偶爾見到的漂海昆蟲，亦如鳳毛麟角。大概沒有海洋生物學家見過海

中有一隻活的昆蟲，我本人也沒有見過。分類學大師林奈與演化論創立者達爾文也壓根不知道海洋有昆蟲這回事。我們可知的，也不過是水黽罷了，那是屬於半翅目的真正昆蟲。水黽常見於淡水溪流、池塘及湖泊，靠著細長拒水的腳在水面滑動。淡水水黽吃其他昆蟲，如蚊子的幼蟲（孑孓）；孑孓本身也生活在水面或近水面處。而海洋水黽則全都為海水黽屬（*Halobates*），該屬僅五個種生活在海上；牠們捕食什麼無人知曉。

廣闊的大海裡棲息著海水黽是件不尋常的事，海水黽因而顯得更加神祕。昆蟲棲息在陸地、水塘及其他淡水域，演化時間已超過四億年。在這漫長的時間裡，凡是有植物之處，昆蟲便占著動物生命界的上風。數百萬的物種在不為人知下，隨著一波一波洶湧的演化浪潮，一再地演化與繁殖——只有海水黽，卻在海洋找到立足之地盤。就是窮盡我畢生所學所知，也未能發現其他分布於海中的昆蟲；即便在這狹長的海灘生態棲位上，滿布著其他類上千種的無脊椎動物（如甲殼類、海蜘蛛與多毛綱蠕蟲）。

康拉德・拉萬代拉（Conrad Labandeira）是一位重要的古生物學家，也是昆蟲學家。他認為根本沒有海洋昆蟲這回事，因為海洋裡沒有陸地上昆蟲賴以為生的樹或多葉植物。拉萬代拉所言雖屬中肯，但淺海水域也不乏有一層層的植群，太平洋沿岸的巨藻林便是一個很好的例子。但巨藻林這類的生命棲所卻未見昆蟲進駐，而是分布著許多非昆蟲類的無脊椎動物、掠食性動物、寄生生物及腐食動物。

令人驚異的不僅如此而已。海洋裡有另一處動物地理國度，有完全不同的動物等待發現，彼處就是「深海散射層」。如果你

是遠洋的漁夫，不為捕撈槍魚、鮪魚及其他經濟魚類，你在夜晚出海時，會遇見多得不得了的各式各樣的魚類。當夜幕低垂之際，密密麻麻的魚群、在一起的還有魷魚與甲殼類動物，會自海洋深處湧升上來；然而白晝到來時，牠們身藏在約二百七十至三百六十公尺無光的深海處，來回游動與巡弋。

但是，如此深層的海水尚不足以完全掩護牠們的安全，因為掠食性的魚類可往下游到比牠們活動更深之處，在上方的天光照耀下一覽無遺地看見深海的獵物魚群。為了建立第二道防禦，有些深海物種採用「相對亮度」的策略，從身體下方發出生物冷光，光源來自身的肌肉組織或活在體內的共生細菌。此亮度配合身體周遭日光或月光的亮度，讓自己藏得更隱密，而不易被掠食性魚類發現。

依生物學的定律，深海散射層的掠食動物與獵物之間每一回合的鬥爭，皆為一種演化上的軍事競賽。因此，至少有少數幾種深海鯊魚、還有掠食性的褶胸魚與耳烏賊，提升了生死競賽的層級：牠們自備身體下的燈光來隱匿蹤跡，不被近身的掠食性動物發現其行蹤。

海洋生物學家除了發現深海散射層的存在之外，最近另一項驚奇的發現，是該處生活著一種名符其實的怪物。不久前的一九七六年，在夏威夷附近的深海裡發現了第一隻巨口鯊。到了二〇一四年，捕撈到或目睹的巨口鯊已不亞於五十隻。巨口鯊的身長雖然超過六公尺，重一千零五十公斤以上，但是你不用害怕這隻巨大的鯊魚：牠那巨口內長著令人想不透的細小牙齒，巨口也從未見合過，總是張開大大的嘴，吸入小小的甲殼類與其他浮游生

物。其他如鰮鰆、鯨鯊、姥鯊與鬚鯨，也都採用這種覓食方法。

倘若這類巨大又隱密的物種仍在無月光的夜晚活動於船底下的汪洋，那麼有多少游在牠們身邊的小生物等待著我們驚奇的發現呢？這個問題一直縈繞在科學家的腦際。為了要發現最難想像與最罕見的生命形式，他們早已更透徹地搜尋海洋微生物，其中有些是地球上最小的生物體。

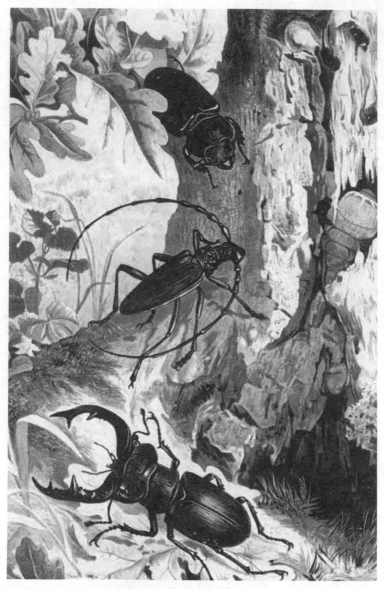

活在朽木樹皮裡外的甲蟲。

阿爾弗雷德‧艾德蒙‧布雷姆（Alfred Edmund Brehm），1883-1884。

14

生命的祕境

本世紀初，紐約探險家俱樂部（Explorers Club of New York）
的會員面臨了許多窘境，例如要尋覓未曾登過頂的山頭、
未曾踏訪的極地冰原，及未曾探險過的南美洲亞馬遜原始部族。
二〇〇九年，俱樂部會員同意增加生物多樣性為探險的新領域，
這個決定果然明智可行。科學家與探險家決定探索生物多樣性之
際，必要用最強壯的體能探索地球上還存在的生命祕境。

生物多樣性的探索嶄新重點，不用說包括了檢驗我們身上活
躍的各類植物群落與動物群聚。現在有快速定序微生物的DNA
技術，可明明白白地呈現健康的人體內都有一套相互制衡的各類
生態系，這些生態系的制衡生物主要是細菌類。就像在其他生物
體內的微生物，大部分細菌是人體宿主有益的生物。生物學家所
稱的「互惠生物體」，便是這些生物體從它們所共生的植物與動
物中得到好處，它們也回報宿主生物體另類好處。

一般人的口腔與食道裡有超過五百種這類互惠細菌。靠著形
成相互適應的微生物雨林，這類互惠細菌能保護人體的口腔與食
道，免於感染各種有害或寄生性的細菌。如果互惠系統出現了問

題，其結果是會遭到外來病菌入侵、增加牙菌斑、出現齲齒與牙齦疾病。

口腔與食道以外的胃腸道各部分，各有其特定的細菌族群從事消化作用與清理廢物等關鍵任務。人體內一般少說也有數十兆個細胞，從多方的計數資料顯示有的是四十兆個細胞。人體的「微生物群系」（microbiome）* 之平均數量比細胞數量至少高出十倍。許多微生物學家開過一個玩笑，他們說：若生物體完全依據生物體的DNA的優勢量來分類，人類就會被分類成細菌類的生物了。

微生物群系在醫學與醫療上有無形的力量，應非令人驚訝之事。科學家著手積極調查共生生物在人體保健問題上扮演的任務。除了常見的胃腸消化道疾病問題外，也包括肥胖症、糖尿病、免疫，甚至是一些心理疾病等問題。微生物群系是環環相扣的諸般生態系群之集合，生態系群內的物種必須保持多樣性與不出差錯的相互制衡。總而言之，未來的許多醫療將會成為某種細菌栽培學。

人類與其他動物體內生長的細菌園地，處處皆為典型的複雜生態系，其系統內外部皆很複雜。在全世界生存的動物與植物體內微生物群系之物種總數為何，我們依然不得而知，但其數量之眾勢必多如繁星。微生物學家發現白蟻體內吃木材的細菌與肉食性螞蟻攜帶的細菌截然不同，其他生物體（如蛙與蚯蚓）的細菌多樣性等更不待言。很顯然地，共生微生物學內微生物生態系之

---

* 譯按：指人體內的微小生物體與其所含整體基因物質的總合。

研究已經嶄露頭角，即將成為前端的科學，並有數十年的榮景。

微生物學是十七世紀末安東尼・范列文霍克（Antonie van Leeuwenhoek）發明出可觀察到細菌的高倍顯微鏡後才創立的。但是約四百年後，在美國人卡爾・沃斯（Carl Woese）帶領下，生物學家才首度辨識出「古菌類」——那是像細菌的微生物，但其DNA與細菌不同。古菌的發現挑戰了生命譜樹的基本形狀配置，及我們對早期生命演化圖的認定。生命譜樹是一個分枝狀圖形，展示物種間及物種群之間的古老親緣關係，藉以追溯較早期物種分化出較年輕物種的演化路徑。從生命譜樹裡可以看到為何有些物種需要數百萬年才能分化出新的後代子孫種，而有幾個例子只需短短的數千年便可分化出新的後代子孫種；但也有一些物種一直保持不變，未曾分化出新種。

直至沃斯等人的研究成果，我們才辨識出標準的生命分類應有五個生物界：原核生物界（由細菌與古菌構成）、原生生物界（草履蟲、變形蟲、及許多單細胞生物體構成）、真菌界、植物界，及動物界。** 繼沃斯之後的生命分類，僅只留下三個蔓生狀的生命之「域」：細菌域（缺乏明顯細胞核的微生物）、新近定義的古菌域（結構類似細菌，也缺細胞核），及真核生物域（具有細胞核的所有已知的生命形式：單細胞生物、真菌、動物、藻類、與植物）。DNA的比較結果顯示，真核生物的體型大，而大體型是我們可以目睹、關懷的生物體屬性，對其他體型

** 原核生物界（Monera）、原生生物界（Protista）、真菌界（Fungi）、植物界（Plantae）、與動物界（Animalia）。

小的生命我們往往視而不見；然而細菌與古菌在數量上與全球分布廣度上皆獨占鰲頭，自有生命出現之初便已如此。

微生物會創造礦物與堆積礦物，分解有機物與分泌有機化合物，並影響植物生長。微生物無所不在，會集體合作、隨時隨處清除有毒廢物、花力氣取得與集合日光能，並將水與碳結合。微生物掌管了食物鏈的基層。總歸一句話，正如微生物學家羅伯托·科爾特（Roberto Kolter）曾經對生命圈所下過的結論：「我們的行星，是由一個看不見的世界所形塑出來的。」

微生物世界的基因多樣性與其他生命的基因多樣性相差甚遠。在DNA序列上，人與馬鈴薯之間的差異，遠比與大多數不同細菌之間的差異小得多。生物學家不知道地球上有多少種細菌，其數量可能有數千萬種，也許上億種，目前甚至還沒有細菌與古菌物種的準確定義；再加上個別微生物體之間的雜交頻繁，使得物種問題更加複雜。細菌之間不論親緣的遠近，其細胞皆有許多方法可自其他細胞取得基因。細菌的細胞擁有高端的科技，可收集環境中的DNA片段。細菌的細胞也可盜取逆轉錄病毒（retroviruses）的DNA片段；此發生於這些準生物體（quasi-organisms）進入較大生物體內寄生病毒的細胞，在進行DNA運送過程中達成。細菌的細胞亦可透過一個異常複雜的接合作用（conjugation）程序，讓兩個細菌細胞湊在一塊，進行交換各自內部類似的DNA片段。

甚至，細菌多樣性在不同地理區域之表現，也可能與動植物多樣性在不同地理區域之表現有根本上的不同。勞倫斯·巴斯·貝克京（Lourens Bass Becking）是開創性的生態學家，他在一九

三四年首次提出一個原則：「每一個地方都有每一件東西，但由所在之環境決定其為何物。」許多種細菌在某些方式上便遵守此原則。換句話說，全球皆分布著許多相同或很相近的基因類型，但是大多數基因類型在大半時間都無甚動靜。細菌會形成微生物的種庫，只有在環境改變到適合種庫內細菌DNA編碼的偏好時，細胞才會開始繁殖。沒有動靜的細胞逢到適合的酸度、營養、溫度等條件時，才會蠢蠢欲動。種庫四處分布在陸地與水域的環境，只有在相隔極遠的距離、也許是一個大陸洲的距離，微生物的種庫內之基因才會顯現其差異，發生例如動植物新物種之形成。

隨著DNA技術的精進，細菌與其他顯微生命類型的發現率也隨之增加。有一些就躲在眼前某處，數量雖多且未特意隱藏，但是由於體型過小，用一般光學顯微鏡無法看見，結果在標準的微生物群聚篩選程序中被漏掉了。

目前為止最重要的這類顯微生物之發現，可能是原氯球菌屬（*Prochlorococcus*）的細菌。雖然此菌遲至一九八八年才確認，卻絕非罕見的細菌。事實上，原氯球菌是全球熱帶與亞熱帶海洋裡數量最多的生物體。它們分布在海面下兩百公尺的深海處，有些海水每毫升內有十萬個原氯球菌。由於此微小的細胞也能進行光合作用，它們靠太陽能為生，因此在北緯四十度與南緯四十度之間的無際汪洋，其生物量占海洋所有光合作用生物量的百分之二十至四十；同時，其淨初級生產量占某些海洋處的淨初級生產量一半以上。至少，在溫暖的海洋水域，是由看不見的生命體供養看得見的生命體。

　　我們可以設想：若原氯球菌再加上類似的、第二類極為豐富又常見的遠洋桿菌（*Pelagibacter*），難道兩者不會成為體型更小的病毒之獵物嗎？專家以往認為這樣的掠食性微動物充其量是相對罕見的。然而到了二〇一三年，飛躍進步的超顯微研究領域有了新方法，讓許多病毒無所遁形。每公升海水裡平均有數十億個病毒，這些全是吃細菌的生物體，稱為噬菌病毒（bacterio-phages），其中以漢他病毒（HTVCoioP）為數最眾。由於病毒依賴宿主的分子機械作業來繁殖，生物學家還在爭辯病毒是否是算是真正的生物體。但若如此來分類病毒，病毒勢必會成為地球上物種最多的生物體。

　　故事還有得講。雖然攫取太陽能的原氯球菌與吃此菌的噬菌體掠食者是海洋裡已知物質的大宗，但兩者仍可能靠尚未被具體發現的食腐生物與掠食生物組成的「暗物質」來制衡。這些也是傳統顯微技術無法偵測到的。很顯然地，撐起暗物質的部分角色是高度多樣化的皮米紅藻植物（picobiliphytes，**暫譯**）群體，其個體的最大直徑僅二至三微米。* 其中有一個物種在被充分詳盡研究後，於二〇一三年被認定屬於一個新的「動物門」，稱為皮米微動物門（picozoa，**暫譯**）。這些如薄煙般的極微型生物靠膠體微碎屑為生，靠前後揮動的鞭毛在水中一推一拉的移動。這個經過透徹研究的生物是微生物中相當獨特的物種，有橢圓形外型，攝食部分占了半個身體，所有其他微胞器則裝在另外半個體內。

---

* 　譯按：一微米為百萬分之一米。

　　科學家一再地探索海洋深處，在光達到極限的深海散射層之下，進入酷寒黑暗深海層。在彼處他們發現了有魚、無脊椎動物，及微生物組成的另一個世界祕境。每種生物體在特定深海演化著，並生存、繁衍。

　　突然，海底出現在眼前──那是一個險惡的環境，卻美其名為「底棲生物群聚」所在。的確，你可能會認為這平凡無奇的細泥沙平坦的海底，處在離上方有光合作用的照光水體下方數公里之遙，不會有什麼生命之物──那你就錯得離譜了。深淵海底層的生命繽紛多樣。彼處並無初級生產者的植物，也無光合作用的細菌，而是為食物大打出手的一群食腐動物。這些生物體靠著上方海水域游來游去的蛙魚、寬咽鰻，及其他掠食性魚類掉下來的所有細小的殘體、肉塊與骨頭、鹽粒大小的微粒物質為生。棲息在海底的生命包括魚類、無脊椎動物與細菌等獨特的物種。這些生命聚在一起，期望天賜的腐物從上方落下。它們其實是大洋內最終的食腐動物、食腐動物的掠食動物，及獵捕食腐動物的掠食動物的掠食動物。糧食雖相當有限，但是足以維持海底生態系。這是因為其間棲息的生物具有超凡敏銳的嗅覺；它們能嗅到自食物散出極為微弱的氣味，即使在靜止不流動的水中也偵察得到。

　　我們來看看一艘木殼船沉沒後的命運。船一旦沉到海底，蛀船蛤科（Teredinidae）的貝類就會找上門來，就在船殼的表面定居。在下一個成長階段，這些靠木材為生的蛤貝，不愧為「海中白蟻」，便蛀出一條條甬道。蛀船蛤並非蠕蟲，看起來雖然來像蛀蟲；事實上，蛤類等軟體動物的基因最接近的是藤壺類動物。

　　接下來，想像一塊肉屑緩緩沉到海底。不出幾分鐘，肉屑可

能就被發現，並被深海的鼠尾鱈與無下顎、細鰻狀的盲鰻一陣猛烈的搶食。隨後，食腐無脊椎動物加入搶食行列；不必久等，細菌群便蜂湧而至。須臾，除了最終的這些有機生物體在冰冷的靜水裡四處擴散另謀生計外，海底一無所剩。

任何木材碎屑與肉屑都是無脊椎動物與細菌的爭食目標，特化的食腐動物便是其中一類。如果由人類當評審員頒一個「最古怪動物獎」，我個人的一票會投給食骨蠕蟲（ Osedax ）。食骨蠕蟲專吃沉到海底的鯨魚屍骨骸內部的油脂。這種食性已夠稀奇古怪，吃法更是令人難以置信。雌食骨蠕蟲有人類手指般大小，既無口器也無腸道。牠們靠蠕蟲體內共生細菌的菌體突出部分進食，穿透死鯨魚骨骸。蠕蟲的微生物夥伴會代謝油脂，所產生的營養物及能量與其蠕蟲宿主分享。至於雄性食骨蠕蟲的行為又是怎麼一回事？這更是奇中奇與怪中怪了。成熟的雄蟲才三分之一公釐長，長得像侏儒的幼蟲，有如握在你手中一隻筆下紙上的一個逗點般大小。這群超過百隻以上的寄生雄食骨蠕蟲，附在每隻雌食骨蠕蟲腹下的鞘內，靠雌蟲的卵黃為生——亦即吃掉同一代的胞弟或胞妹。食骨蠕蟲占據的生態棲位並不如想像的小；估計已有約六十萬具鯨魚骨骸躺在地球大洋的海底。

即使食鯨骨的食骨蠕蟲故事已讓你覺得夠嘖嘖稱奇，我們還不打算就此打住。還有一類生物住在更深之海底，就在海底層的下面。在深海海底地殼層下，生命仍然繁茂繽紛。那裡的海洋生物故事之精彩不亞於食骨蠕蟲。這些海洋生物體的生存之處，好比陸地土壤層與岩盤層的更深之處。該處是一個罩子，裏住我們的行星，稱為深層生命圈。那裡的生物絕大多數是細菌與似細菌

的古菌。在海洋某處的海底下約半公里，每立方公分就有上百萬個的這類細胞。如果這個密度證實是全球性的分布，那就表示海洋深層生命圈的微生物占據了整個行星微生物的一半以上；其擁有的生物量（有機物量），與地面所有行光合作用的植物生命的生物量等量齊觀。

如果這些估計大約正確無誤，那就表示：基於深層生命圈的存在事實，我們對微生物的物種與其構成的生態系兩者之認識，有必要在根本上也大大改觀。在海洋底部，或許才一公尺深，微生物與其間稀落的無脊椎動物依舊參與了上方水體與陸地的碳循環。它們所需的能量取自太陽能產生的生物碎屑。但是，在深層生命圈更深處，這樣的關係變得微弱。顯然，該處得用不同方式產生的化學能做為替代，譬如地質化學過程：即自土壤與岩石中的無機物產生能量。

這類微生物能被發現的最深之處，是在南非約翰尼斯堡的姆波內格（Mponeng）附近一處黃金礦坑壁上，離地面有二千八百公尺深。那裡沒有陽光與氧氣，長年處在攝氏六十度的恆溫下，有種叫金礦菌（*Desulforudis audaxviator*）的新種細菌，它靠還原硫酸鹽、並從無機環境內固定碳氮而存活。我們知道溫度會隨著深度遞增，而就目前所知，金礦菌是唯一存在該類環境的物種──它的棲息處似乎是這個行星生命所能分布的最內部。

那麼，關於更複雜的多細胞生命形式又如何呢？在我下筆之際，科學家又發現了一種線蟲類的蠕蟲，分布在深層生命圈的較低處，以微生物維生。這類無脊椎動物所代表相當龐大的生物多樣性，可能尚待發現。

　　地層存在著獨立運作的生命，讓我們想起《世界末日》的科幻片與隨之而來的世界末日。如果我們這一種自命為「地球之主」的智人無意間把地球表面燒得焦脆，或是一個超大的小行星徹底摧毀了地球表面的所有生物體，生命仍可能在這個行星的深層生命圈裡繁衍。彼處的微生物與無脊椎掠食動物不至絕滅，其可在黑暗無光的安全處所裡自在的生活著，從岩石取得能量與物質，耐受著高溫；或許經過數億年演化，有朝一日會上升到地表，演化出多樣性的多細胞生物體；從這裡開始，然後歷經萬難下演化出人類層級的後生動物。* 如此，偉大的宇宙生命演化大循環，可能會給地球上的智慧生命第二次的機會。

---

* 譯按：後生動物是指除了最原始、最簡單、最低等的單細胞動物外，所有的多細胞動物之總稱。

一處歐洲林地上的兩隻扇尾沙錐，又名田鷸（*Gallinago gallinago*）。
阿爾弗雷德·艾德蒙·布雷姆（Alfred Edmund Brehm），1883-1884。

15

生命圈的首善之區

許多人終其一生都在城市或擁擠的郊區度過，他們的心裡只有人類的世界。極端的人類世之世界觀，要把殘存的自然重新施工來服務人類，他們認為比起保護自然的原始環境，這樣做似乎更合邏輯。深信這觀點的人會問，拱手出讓自然大地與自然資源是穩輸不贏的事，何樂而為之？自然界早已遍體鱗傷，無法亡羊補牢喪失的自然界生物多樣性。古早原始的棲地早已一去不復返了。我們對這種失敗主義者的主張必須看得一清二楚。正如同約翰‧史都亞特‧米爾（John Stuart Mill）論述中強調的，當大地已無可獵之物，攻與守兩者皆無用武之地。

博物學家與族群生物學家的世界觀，與上述觀點簡直是南轅北轍。如果我們需索無度，將絕大部分這個行星的環境用來滿足人類這一物種的需求與享樂，那麼我們將再也無法回頭。地球若是擠滿了人類，便會是一艘行星太空船，全靠人類未來的智慧與機智去維持所有生命的長期生存；這不僅對其他的生命是場災難，對我們自身的長期生存也有很高的風險。

保育組織本身不能免於人類世的世界觀之蠱惑。美國自然保

育協會（The Nature Conservancy）近來的年報報導令人擔憂。該協會一直是倍受尊敬與愛戴的自然保護的民間組織。該組織曾把所取得的土地劃設了數百萬英畝的永久保留區。這項任務無疑會持續執行，但該機構似乎採用了一種不同的心態：自然界能為人類提供什麼服務，與如何支撐經濟，成為他們的工作重心，原本強調的生物多樣性則被日漸冷落。二○一三年的年報封面與封底設計，就象徵了此一令人擔憂的趨勢：在馬背上微笑的蒙古男孩牧著一群山羊，他身後的草地一直延伸到天際，一幅無邊無際的翠綠平原。整張圖的生物多樣性由四個物種構成：人類、兩種家畜、及一種植物。年報內的照片與內文，每一張的整版幾乎都是人物、人的生活環境，及人圈養的家畜。有一張象、一張企鵝、第三張是沙丘鶴、第四張是掛在阿拉斯加煙燻屋中的鮭魚肉片。這些照片象徵著它們對人類的實用性不容置疑。

相對地，有經驗的博物學家與保育生物學家會把心思放在地球上兩百萬其他已知的物種，及六百萬種以上的其他有待發現的物種。不用說健康的生命圈有利於經濟，我們確信社會大眾、企業家及政治領袖等人會與我們同一陣線，必然會以生命倫理評價這個生物世界，此倫理必然關係到人類之福祉。

生物多樣性的研究已清清楚楚告訴我們，繽紛多樣的物種棲息在數不盡的陸地與海洋的自然生態系裡，而這些生命正面臨著生存威脅。認真與仔細研究資料庫的專家學者會一致同意，相較人類未出現前，人類活動已提高物種的滅絕率何止千倍，更有一半的物種受到滅種威脅、或正掙扎求生至本世紀。然而，尚有散落在世界各地殘存的地球生物多樣性棲息地；從數公頃到數千平

方公里以上、真正的原始野生大地，這些所有的、最後的自然活環境，或多或少都受到某程度的威脅。但是，如果存活至今的生命能有權自主自為，這片淨土必得保住，並留傳給未來世代。

背負一個擴大全球保育的重擔，我對此大為看好，於是撰文給全世界十八位資深的博物學家。他們皆有國際經驗，是生物多樣性與生態學的專家。我徵詢他們對於最佳保留區的看法，哪些地區保護著極為獨特與價值不菲的植物、動物與微生物等物種群體。那封詢問函，我稍作修改後改述如下：

> 依循自然科學家的經驗與知識去描述這個世界與生物多樣性的真相甚為重要，藉此可以駁斥那些執著於「去滅絕論」與「自然已死論」*的失敗主義者，及信奉不清不楚的「人類世觀」的那批人。全球的生物多樣性保育應由那些知識最豐富的人來論斷與引導。不僅如此，我們還需要奮鬥不懈。
>
> 因此，我鄭重提出請求：依據生物多樣性的豐富度、獨特性、研究性與最需保護性的區域，請您建議一至五個；也就是說，那些你最關心的地區。同時如果不嫌麻煩的話，請說明你作此選擇的理由。

「生命圈的首善之區」純粹是個人的主觀選擇。它們不同於

---

* 「去滅絕論」又稱「復活生物學」，是指物種滅絕論是不成立的，物種是可以人為創造與復活的；人類利用生物科技可以創造新物種、相似的已絕滅種，或可以繁殖這些物種成為族群。

全球生物多樣性的「熱點」。此與英國生態學家諾曼‧邁爾斯
（Norman Myers）等人於一九八○年代的熱點定義有別，雖然兩
者之間有相當程度的重疊。熱點的選定是根據多數物種面臨極大
危機、且透過保護棲地即可挽救生命於狂瀾的地區。我與我的諮
商伙伴都很清楚，我們所選的「首善之區」名單還可以增加好幾
倍，但是我相信，我們已掌握了大多數最佳的地區。我們共同的
認知是：即使高滅絕率當頭，拯救地球的生物多樣性還是有希望
的。

選定的首善之區

一、北美洲大陸
加州的北美紅杉林

馬克‧莫菲特（Mark Moffet）是一位作家與生物多樣性專
家。他的報導指出：「這是加利福尼亞植物區之中最出眾的生態
系，也是物種多樣性的熱點。我隨同在此的研究人員攀爬過北美
紅杉與北美巨杉，我對這些巨木的樹冠充滿敬畏之心。這些樹冠
的生態如此豐美，土壤上聚積著深厚的枯枝落葉層，讓隱而難覓
的小小樹叢茁壯成龐然巨偉之森林。」實際上，成熟的北美紅杉
林已創造了一種全新且大體未被探索過的生命層，其內充滿罕見
的、或他處沒有的物種。科學家與探險家可以在巨樹下紮營，沉
醉在參天巨木的原始樣貌裡，與遺世的神話世界相遇。

美洲大陸南方的長葉松疏林草原

　　越來越多的科學家與作家把他們目光轉到看來平常、但是極為豐美與複雜的生態系。曾幾何時，優勢的長葉松林的分布橫跨北卡羅萊納州到德克薩斯州東部的六成土地。長葉松疏林草原的植生已適應了頻繁雷電引起的地表焚燒。該處地表植物之豐富，在北美洲是數一數二的。一公頃的地面就有五十種草本與灌木植物。豬籠草泥沼稀落地穿過長葉松林地，本身就是全世界多樣性最豐富的濕地，每平方公尺面積內擠滿了多達五十種細莖植物。長葉松樹在過去一百五十年內幾乎被砍得一乾二淨，如今已在栽植下復原，可以庇護暫時殘存下來的植物與動物。我的童年成長歲月就逗留在這片殘存的松林與闊葉林裡，穿梭在處處是河流與小溪的洪泛平原。

馬德雷山脈的松與櫟的混生林地

　　崎嶇的墨西哥馬德雷大山脈與美國西南部的斯凱島高地（Sky Island heights）的強勢植物，是矮小耐旱的松樹與櫟樹。墨西哥有四分之一的本土物種分布在這種古老的森林裡，其中有許多種還只限於生長在這裡。自美國飛來的大樺斑蝶之著名越冬棲地，便是墨西哥的米卻肯州（Michoacán）的松林。此森林區最重要的生態任務是肩負廊道的功能，讓在美國、墨西哥高原、及中美洲西科迪勒拉山脈間的許多物種能往北擴張分布。創造這些與類似的棲地廊道，是緩和氣候變遷對生物多樣性衝擊的一個辦法。

二、西印度群島

古巴與伊斯帕尼奧拉島

　　古巴與伊斯帕尼奧拉島是大安地列斯群島（the Greater Antilles）中最大的兩個島，分布著眾多的動物群聚與豐茂的植物群落，是整個西印度群島生物多樣性最多之區域。此兩島的地理與中美洲大陸息息相關，因為在數千萬年前的大陸漂移時代，安地列斯陸塊從中美洲大陸板塊中分離出來。漫長的分離，造就了安地列斯陸塊保留了許多物種的起源祖先，許多現今在世界其他地區都找不到的物種。其中有些物種，如奇怪的、食蟲的溝齒鼩屬（*Solenodon*）哺乳類動物，便是這兩大島嶼歷史最古早的孑遺動物。其他的物種則是適應輻射而演化出來的動物。初次登上這兩島上的一種或數種物種，會發現此地比起中美洲大陸競爭者較少，且未被盤據的生態棲位更多。這種情況讓一些物種繁衍成一大類群，如今個別物種紛紛各自盤據著各生態棲位。一個顯而易見的例子便是安樂蜥屬，該屬物種多樣、數量眾多；還有奇異的螞蟻，蟻身閃著各種藍與綠的金屬光澤。有一天，我在古巴中部的埃斯坎比瑞山脈（Escambray Mountains）調查時，發現了一種發出金屬綠光的蟻種棲息在石頭縫裡；另一種閃著金光的蟻種，則在矮灌叢中覓食。同時，古巴與相近的多明尼加共和國有著受擾動較少的海岸，與更自然的珊瑚礁群。

三、中南美洲大陸

亞馬遜河流域

　　一望無際的亞馬遜河流域生態系，是世界上最大的流域生態系，有著世界上最廣袤的雨林與環繞著最多生物多樣性的疏林草原。亞馬遜河有十萬五千條初級與二級支流，覆蓋面積達七百五十萬平方公里，亞馬遜河流域更占了南美洲大陸百分之四十的面積。如果把安地斯山的河流源頭計算在內，亞馬遜河流域是世界上生物多樣性最高的地區。亞馬遜河流域生態系的主要河流源頭始於祕魯安地斯山脈的高山小溪。亞馬遜河的平均流速為每小時二點四公里，平均深度超過四十五點七公尺，每天的流量為三十兆公升，從四百零二公里寬的河口三角洲出海。亞馬遜河的流量是密西西比河的十一倍，尼羅河的六十倍。若把所有的支流都算進去，其容積可堪稱為擁有最高多樣性的魚類及其他淡水動植物的區域。若加上覆蓋在河岸的洪汜平原森林、濕季時的河灘、水面下的樹幹，再加上內陸的雨林，便可成為儲備動物與植物多樣性的最佳地區。

蓋亞納地盾帶

　　蓋亞納地盾帶（the Guiana Shield）包括圭亞那與蘇利南兩小國，加上緊鄰的的法屬蓋亞納，總共有百分之七十至九十的面積與亞馬遜雨林關係密切，卻有其特殊林相。其動物群聚與植物群落的生物多樣性很高，且是世界上最少被探索過的地區。

特普伊區

　　特普伊區（the Tepuis）是由許多平臺狀的山頂組成，是英國作家赫伯特‧威爾斯（II.G. Wells, 1866-1946）的小說與美國好萊塢影片中臆想的「失落的世界」。特普伊只分布在委內瑞拉境內與圭亞那西部，其地質是古老石英砂屑岩塊隆升而起的雨林，高高在上睥睨周邊的地景。平臺山頂的海拔高度從一千到三千公尺不等，確是自成一格的世界，其氣候亦有別於四周低地。壯觀的岩石地層與瀑布羅列（其中的天使瀑布是世界海拔最高的瀑布），不但植物群與動物群不同於周邊低地，且各特普伊高地之間的動植物亦截然有別。

祕魯的大馬奴地區

　　阿德里安‧福塞斯（Adrian Forsyth）是一位頂尖的熱帶生物學家，曾記錄祕魯的大馬奴地區（Greater Manu Region）的迷人魅力，「大馬奴的冰原籠罩在雄偉的奧三格特（Ausangate）峰頂，是世界最大的赤道冰原，高高盤踞在嶙峋岩坡之上，山麓的普納（puna）草原依地勢逐步上升，終至無徑的莽原雨林地景。任何人站在馬德雷迪奧斯（Madre de Dios）的亞馬遜低地，盡入眼底的皆會是壓縮過的地貌全景。」亞馬遜河的北邊有地球上最稠密的生物多樣性，包括新世界較大型哺乳類動物群。僅僅一平方公里棲息的蛙種類，就與整個美國大陸全部的蛙種類一樣多，而鳥與蝴蝶更是多出兩倍。而這個狀況可能還比不上更北部、聞名遐邇的厄瓜多的亞蘇尼國家公園（Yasuni National Park）。

中美洲與北安地斯山脈的雲霧林與山巔林

這些氣候冷涼、雨量充沛的環境，其生物多樣性各方面都與山下低地的森林截然不同。許多區塊只受到起碼程度的調查，有很多物種尚未被發現。本世紀所首度發現的、體型不小的肉食性哺乳動物犬浣熊（olinguito），正象徵著此處的深藏未露。

帕拉莫蘇區

帕拉莫蘇區（Páramos）是南美洲高海拔（二千八百到四千七百公尺）草原的總稱，分布著許多獨特的禾草植物、闊葉草本植物及木本灌叢。帕拉莫在新種演化方面的比例極為出名，這可能是因為相隔的各山頭氣候變化不同所致。各山頭的海拔比環繞的低地雨林僅高出一千公尺，但在環境與生物上是不同的世界。它們的植物群落相當獨特，所占面積又小，也使得其生物多樣性更經不起傷害。

南美洲濱大西洋的森林

葡萄牙文稱為大西洋雨林（Mata Atlântica），此生態系曾經廣袤且雄偉，如今明顯縮小了許多。大西洋森林的地理分布是從巴西的北里奧格蘭德州（Rio Grande do Norte）起，沿著巴西大西洋岸抵達南里奧格蘭德州（Rio Grande do Sul），再有小部分延伸到巴拉圭與阿根廷。換言之，全區從巴西東北角的「鼻端」到巴拉圭的東南部皆屬之。大西洋雨林的緯度與局部地區降雨量差異很大，促成了一個極其特殊的生態系，其兼具潮濕與乾旱的環境，育成熱帶到亞熱帶的森林，也有灌叢林與禾草原。區內有

多樣罕見與奇異的動物，包括如科學攝影家馬克‧莫菲特
（Mark Moffett）筆下的「最原始的豪豬，會舞蹈的小岩蛙與吃果
的雨蛙，僅存的幾隻阿拉戈斯盔嘴雉（Alsgoas curassow）養在兩
位愛鳥人士的私人園地裡逛來逛去；新世界最大型的靈長類動物
絨蛛猴（muriqui）、靈長類中最斑斕的獅面狨（golden lion tamarin）、凱馬達大島（Queimada Grande Island）的金色矛頭蝮
（golden lancedhead viper）。凱馬達大島也是全球蛇密度最高的島
嶼（不必驚怕，那是無人居住之「蛇島」）。」

塞拉多疏林草原

　　塞拉多疏林草原（the Cerrado）覆蓋巴西東部與中部的大部
分地區，是南美洲最大的疏林草原，也是所有這類世界熱帶疏林
草原中生物多樣性最高的棲地。其豐茂的生物多樣性皆由各具鮮
明特色的相異生態系相鄰組成，從典型的一望無際草原內散生的
小灌叢，到分散的小林區內高大、狀似雨林般的喬木，還有濃密
迴廊般的森林沿著河岸展開。不幸的是，這種地景對生物多樣性
大為不利：由於疏林草原的土壤適合農耕，塞拉多疏林草原的野
生動物棲地因而日漸淪喪，只留下少數受到保護的保留區。

潘塔那爾濕地

　　潘塔那爾（the Pantanal）是地球上最大的濕地之一，大部分
在巴西南部，亦延伸至玻利維亞。此一壯闊的洪泛平原，每逢雨
季有百分之八十的面積盡成澤國，整年皆為數不盡的水禽與昆蟲
的家園，分布著美洲豹、水豚，及其他魅力非凡的大型動物，有

特別多長得如鱷魚般的南美短吻鱷。雖然潘塔那爾濕地已列為世界遺產場址，遊客也日增，卻背負著沉重的農業與畜牧業開發壓力。

加拉巴哥群島

加拉巴哥群島是跨越赤道兩側的群島，東距厄瓜多爾大陸西邊九百二十六公里，由於達爾文於一八三五年在此登島五個星期，加拉巴哥群島被塑成偶像般的地位。達爾文在返回英國的途中，看到小嘲鶇因島而異，遂構思出演化論。但是，加拉巴哥的獨特之處另有其原因：能夠飛越海洋的物種且在群島上拓殖成功者為數不多，其後還演化出特別適應光禿火山地景的許多物種。巨型陸龜與海鬣蜥、喬木化的菊科向日葵屬的草本植物、自一個祖先演化出占據半打生態區位的雀鳥等等，這些物種使得加拉巴哥群島成為演化生物學的野外實驗室，也是求知的殿堂。

四、歐洲
波蘭與白俄羅斯的比亞沃維亞查森林

比亞沃維亞查森林（Białowieża Forest）是自新石器時代起便覆蓋歐洲西北部平原的原始森林，如今僅存留下極小部分。這片土地跨越波蘭與白俄羅斯邊界，保護面積將近兩千平方公里。歐洲大型哺乳動物中有一大部分棲息於此，包括最受人矚目的歐洲犛牛（牠不止一次驚險地逃過滅絕命運）、麋、駝鹿、野豬、野馬（tarpan，一種波蘭森林野馬）、猞猁、狼、水獺、白鼬。此處也包括現存的九百種維管束植物中，有紀錄的幾種樹型最大的櫟樹。

俄羅斯西伯利亞的貝加爾湖

　　貝加爾湖面積三萬一千七百二十二平方公里，湖的最深處達一千六百四十二公尺，是世界上最古老與最深邃的淡水湖。光從容積與一個高緯度孤立的水體的條件，便可預期湖中保護了相當多的動物與植物。共約兩千五百種植物與動物中，有三分之二是他處所無的，在許多物種分類群中各有其眾多的代表性物種，包括杜父魚科的杜父屬魚類、海綿類、螺類、端足甲殼類動物。一如加拉巴哥群島，貝加爾湖是淡水湖生物多樣性最多的保護區，也是生命演化的實驗室。

五、非洲與馬達加斯加

衣索比亞的東正教會森林

　　衣索比亞北部的原始森林，如今只剩下不到原有面積的百分之五，這些森林基本上都是教會的財產。從空中俯瞰，一塊塊綠油油的色塊點綴在生產糧食的農田的褐色地景上。如同生態學家瑪格麗特・羅曼（Margaret Lowman）寫的，森林內是「原生植物的種子庫、有為農作物授粉的許多動物、淡水的泉源、藥用植物的儲倉、教堂壁畫顏料所需的果實與種子來處、水土保持的樹根、教會精神支柱的聖殿、碳的儲存庫，以及原生物種僅存的基因知識庫大廈。」

索科特拉群島

　　索科特拉島（Socotra）是印度洋中的島嶼，四周有數個小小的衛星島，距葉門南方約三百五十二公里。該島上的樹木與灌木

長相與枝葉之奇特，有著「另一個加拉巴哥島」之稱，及「地球上最像外星球的地方。」這裡你會見到索科特拉龍血樹，圓頂茅屋狀的索科特拉柳葉榕、齒葉蘆薈等等，其長相之奇特無以復加，非他處可堪比擬。索科特拉群島上約有二百種鳥類，其中八種是島上特有種。

塞倫蓋蒂禾草原生態系

　　大塞倫蓋蒂（the great Serengeti）可稱得上是世界上最有名的陸域自然野地生態系（當地的馬賽語為「無際的平原」）。大塞倫蓋蒂跨越坦尚尼亞北部到肯亞東南部。此禾草原生態系的面積有相當大的部分在肯亞，這些地區皆受到國家公園、保留區及野生動物保留區的保護。該地區的動物族群與植物族群，尤其包括大型哺乳類動物，是自更新世以來，世界上分布在非洲熱帶草原與疏林草原的最原始生物。

莫三比克的戈龍戈薩國家公園

　　戈龍戈薩國家公園（Gorongosa National Park）是莫三比克最主要的保留區，由於分布著多樣的生物棲境，此國家公園足以代表最完整的非洲東南部的生物多樣性。境內有隆升至高約兩千公尺的山脈，覆蓋著當地人稱為「邁翁波植生」（miombo）的旱林，溪河縱橫，谷底山澗覆蓋著雨林，谷壁兩側為石灰岩崖壁，石灰岩洞穴四布，大多無人探索過。一九七八年至一九九二年莫三比克的內戰及戰後的大肆非法獵捕，使得戈龍戈薩的大型動物群幾近滅絕，目前正在快速恢復生機。

南非

　　南非全國境內包含了數個全世界最豐富與最獨特的動物群聚與植物群落。位於南非東北部面積廣大的克魯格國家公園（Kruger National Park）及其他保留區，則是非洲最完整的、各類體重十公斤以上野生動物的家園（包括黑犀牛與白犀牛，兩者均極為瀕危）。開普植物區（Cape Floristic Region）保護了九千種植物，其中百分之六十九是他處所無，相當於非洲所有植物的五分之一。在此區域內植被形成數個獨特的主要棲地，包括方恩博斯山地硬葉歐石楠灌叢（fynbos heathland）、卡魯沙漠厚葉植物（Karoo desert，也分布在奈米比亞沙漠），以及林波省（Limpopo）的古蘇鐵林。

剛果盆地的森林

　　剛果河流域面積廣達三百四十萬平方公里，跨越剛果共和國、剛果民主共和國、中非共和國，及部分的喀麥隆、加彭、安哥拉、尚比亞與坦尚尼亞，也是世界上僅次於亞馬遜河的第二大流域系統。其上覆蓋著熱帶雨林，是與亞馬遜及新幾內亞鼎足而立的世界三大雨林自然野地。即便在伐木作業與農地變更的雙重壓力下，剛果盆地的森林仍是三千多種獨特植物的家園，也有為數極眾的動物群聚之地，包括大猩猩、條紋斑羚、森林象及其他有名的壯觀的大型動物物種。剛果有五個雨林公園是聯合國世界遺產場址。

迦納的阿泰瓦森林

　　非洲西部山崗的許多濕林因人類侵入面積大幅縮小，但是殘留的濕林有如島嶼般，保存一度極為豐富的植物群與森林。其中一處極好的例子是原始的阿泰瓦森林（Atewa Forest）。阿泰瓦森林至少有一千五百萬年的歲月，其百分之八十的面積是被伐除後劫後餘生之殘存雨林。阿泰瓦森林是生物區系的一個類型，為高地常綠林的最佳案例。

馬達加斯加

　　馬達加斯加島是印度洋上一個很大的島嶼，面積五十八萬七千零四十一平方公里，約為美國加州與亞利桑那州面積的總和，離非洲東海岸四百公里。該島自一億五千萬年前從岡瓦納古大陸洲南部分開後，即孤立於印度洋中。馬達加斯加是一個面積很大、年代古老的熱帶氣候島嶼，庇護了很多且獨特的動物群與植物群，有百分之七十的物種是他處所無（最新的數字顯示，其一萬四千種植物中有百分之九十是特有種）。馬達加斯島一如伊斯帕尼奧拉島（Hispaniola）與加拉巴哥群島，是觀察適應演化的活實驗室。演化的輻射現象是指某單一物種僥倖能登上島嶼（此處多為自非洲跨海飛越或浮游而來），而成為眾多物種的始祖。在馬達加斯加動物中，演化的輻射現象之例子雖多，但彼此緊密相關，例如狐猴類（原始的靈長類）、變色龍類、鉤嘴鵙類、蛙類等等；而在一萬兩千種植物中，則有棕櫚、蘭科植物、猴麵包（木棉科），及似仙人掌的多肉龍血樹科（Didieraceae）等植物所組成的複合社會。

六、亞洲大陸

阿爾泰山山脈

　　阿爾泰山山脈的最高峰有海拔四千五百零九公尺高，此一雄壯且鮮有人攀登的山脈從亞洲大陸的中部隆起，處於俄羅斯、中國、蒙古與哈薩克交界。山脈的不同海拔處各自覆蓋了多樣的歐亞草原、北方針葉林及高山植被。阿爾泰山山脈可以說是一個冷溫帶與極地的哺乳類動物之活百科全書地景，也是歐亞大陸上少數幾處庇護著真正冰河時代的動物群之處。山坡上有許多食草動物，包括阿爾泰馬鹿、駝鹿、馴鹿、麝鹿、阿爾泰鼷、野豬等。掠食動物則有棕熊、狼、猞猁、雪豹、狼獾等。該處也是第一件丹尼索瓦（Denisovan）史前人類化石出土之地。

婆羅洲

　　印尼有一萬八千三百零七座島嶼（島嶼數目因計算標準與方法而有所不同）。這些島嶼東西跨越五千一百二十公里，從蘇門答臘島的西端到伊利安查雅省（Irian Jaya），與新幾內亞西界為鄰。綜合所有島嶼，其生物多樣性多到令人瞠目結舌。世界第三大島嶼婆羅洲南部四分之三的面積為印尼所有，四分之一面積的北部則分屬馬來西亞與主權獨立的汶萊。婆羅洲全境因人類聚落與土地變更為油棕栽植林，喪失了相當面積的雨林。《科學》期刊於二〇〇七年報導此一破壞：「油棕栽植林隨著生質燃料市場的看俏而面積大肆擴張，入侵的相思樹也四處肆虐，加上年年野火四竄，婆羅洲的生物多樣性甚為堪慮。」然而此大島的內陸地區、即所謂的「婆羅洲之心臟」，仍然是亞洲生物多樣性數一數二的生物庇護所。

印度的西高止山脈

印度次大陸就像馬達加斯加島、新喀里多尼亞島及紐西蘭島，是岡瓦納古大陸的碎裂板塊，不同的是印度次大陸北移了滿遠的距離，與亞洲大陸相碰撞並相連。西高止山脈（Western Ghats）與印度西海岸的整個山脈平行，是印度的隆起地盤之背脊。西高止山脈的海拔最高點為二千六百九十五公尺。由於位居熱帶氣候區，加上山脈有多樣類型的棲地，生物多樣性自然很高。山丘地貌起伏平緩，森林覆被茂密，分布著高達五千種的植物，其中有一千七百種植物是特有種。哺乳動物亦極為多樣，包括世界上最大的野生亞洲象族群，及地球上殘存虎群的十分之一。

不丹王國

不丹王國是一個富有田園詩意的山嶽國家，其保存了國境內大部分的棲地與生物多樣性，倍受全球肯定與讚譽。該國還保留了喜馬拉雅山脈及其山麓大部分原本特有的動物群聚與植物群落。不丹王國百分之七十的國土為森林，分成熱帶、溫帶與高山帶三大主要代表林帶。全國已知有五千種植物，包括四十六種杜鵑與六百種蘭花。

緬甸

緬甸北疆外來遊客很少，四個保留區面積總共約有三萬一千平方公里，動物種類極為豐富，包括象、熊、小貓熊、虎及長臂

猿；植物群落則包括熱帶林、針葉林、甚至包含在樹木界限以上
塊狀分布的極地草生地。

七、澳洲與美拉尼西亞

澳洲西南部的灌叢地

　　從澳洲西南海岸的埃斯佩蘭斯（Esperance）往東到納拉博
（Nullarbor）平原的邊緣，有著全球上最豐富的特有植物群落之
一。該處氣候溫和，屬地中海型氣候，且土壤缺乏鉬元素，除了
能生長在缺鉬土壤的植物物種，其他植物都難以適應。此地的灌
叢地植物之演化，一如海島植物之演化。不幸的是，澳洲與世界
其他各地的生物多樣性皆遭遇類似命運：只要土壤施加鉬元素，
土地就變成可耕農田了。因此，很大面積的灌叢林地已被變更為
農田與牧場；自然而然地，入侵的雜草如影隨至。

澳洲西北部的金伯利地區

　　澳洲西北部金伯利地區（the Kimberley Region）內的數座國
家公園及其他偏遠的地區，是生物多樣性極高且受到干擾最少的
地區。經過一段復原期，該地區內獨一無二、且其它地區已瀕危
的有袋動物已恢復生機。毫無疑問地，金伯利已是澳洲「僅存的
自然大野域」。

吉伯平原區

　　吉伯平原區（the Gibber Plains）是平坦的斯特石漠（Sturt Stony
Desert）之洪泛平原，位於異常乾旱的澳洲大陸中央地區，只有

每隔數年的洪泛才能蓄留些許水量。洪泛時期生命從休眠中蘇醒，大地欣欣向榮，一群群水鳥從遠方飛抵；而在不定時的無雨期間，大地如在火爐中，滴水全無，只剩下耐旱且高不及膝的革質硬葉植被。但即使在嚴酷乾旱之際，此地還是有多種隱匿的動物。生態學家布魯斯‧米恩斯（Bruce Means）即為吉伯平原的棲地寫下這句話：「不論我們身在何處，生物多樣性就在我們眼前，這奇蹟遠超過我們的認知。」

新幾內亞

新幾內亞是世界第二大島（僅次於格陵蘭島），面積大約八十萬平方公里，至今仍交織鋪著一片雨林、濕地及山岳草生地。眾所周知，新幾內亞的陸地生物多樣性是世界上最豐富的、也是最少被探索過的島嶼。物種的超級多樣性，源自於複雜的崇山峻嶺走向，最高的山峰超過四千七百公尺，且山頂終年積雪皚皚。五百多萬年前，新幾內亞還是多小島組成的島群，這成為另一個有利於新物種形成的自然條件。在一九五五年，我還是個二十五歲的青年，卻是第一個以系統採集法研究螞蟻、深入新幾內亞的人。如今，若老天恩賜我另一個六十年的健康人生，但是必須以博物學家的身分把所有歲月投入在一個地方點，我必會義無反顧地看上新幾內亞。

新喀里多尼亞

新喀里多尼亞（New Caledonia）是一個不可多得的島嶼。其擁有亞熱帶的氣候及連綿的山岳，八千萬年前從破裂的岡瓦納古

大陸塊脫離。脫離前有一段時期曾與紐西蘭相連，後來與紐西蘭分開，獨自往赤道方向漂移。現今島上有百分之八十以上的植物與動物為特有種、是他處所無的，且其中有許多種亦與任何其他地方分布者極為不同。新喀里多尼亞甚至保存了一些特定的要件，是它自澳洲與南極洲聯合陸塊分離前就已存在的：包括那些具有古老特徵的植物在內，它擁有最多數目的原生植物科，最有名的是無油樟（*Amborella*），那是地球上已知最原始的開花植物。沿著它的山脊還有南洋杉與羅漢松的混生林，呈現出一個類似於中生代地球最普遍的地景。當我還是研究生的時候，曾於一九五四年在新喀里多尼亞島上做研究，而後此情此景常魂縈夢牽。如此過了五十七個年頭，二〇一一年時才再度登島。我對該島的神奇感，仍與一九五四年時一樣真實。

八、南極洲
麥克默多乾谷

麥克默多乾谷區（McMurdo Dry Valleys）是地球上無冰無雪的地區中最不宜人居的。該地區的生物多樣之貧乏，僅有智利絕乾、無雨的阿塔卡馬沙漠足堪比擬。該處僅有剛好足夠的物種數量得以構成一個平穩的生態系。稀疏難尋的藻類植物與幾種線蟲、或常被叫做圓蟲的動物，即算是南極洲的食草動物與掠食動物了。正如科羅拉多州立大學的戴安娜·沃爾（Diana Wall）所稱呼的，這些線蟲為南極洲土壤裡的「象與虎」。這種物質與能量的簡單循環現象，讓我們明瞭任何地方幾乎都有生物體能自行建構其系統。但當人類把地球的生態系空間變小，生命就會變得

更平凡，生命也會更難形成維生系統。

九、玻里尼西亞區
夏威夷群島

　　夏威夷群島一如位處偏遠的南太平洋孤立的復活節島、皮特凱恩群島（Pitcairn）、馬克薩斯（Marquesas）群島等，皆因其歷史變動而值得一提。夏威夷群島屬熱帶性氣候，島嶼面積較大，地形多山，棲地類型多樣，這些條件皆足以促進陸生植物與動物發生高度的多樣性。這些高比例的物種，係透過適應輻射現象而產生。令人耳目一新的多樣物種群繁多，例如：鳥類中體型較小的管舌鳥、昆蟲類的樹蟋蟀，及植物類的山梗菜（lobelias）。這些美麗的群體已大體被農耕清除殆盡，或被半野化的入侵物種占領，有的只得被迫遷到偏遠的島嶼中央山地。人類如此對待自然還嫌不足，還將入侵物種園地奉為「新穎的生態系」，被那些人類世的支持者當作海報明星來招搖惑眾。

　　儘管如此，夏威夷群島仍舊可稱為「首善之區」。任教於杜克大學的生態學家史都亞特・皮姆（Stuart Pimm），也是一位專門研究島嶼鳥類的滅絕與殘存鳥類的首席專家。他筆下的描述令人動容：

　　　　站在茂伊島的樹木界線之上遠眺，但見雙腳正下方有一片樹林，樹木低矮、生長不良、樹冠濕漉。要是碰到難得一見的大晴天，從立足此處一眼眺望，推擠在山麓的觀光客盡收眼底，所有的樹木沒有一株不是外來種。讓

我們設身處地想一想，在此立足之處，居然已看不見名
稱稀奇古怪的特有種鳥，那些鳥是隔離演化的產物：諸
如 'akohekoe（冠旋蜜鳥）、o'o（奧奧吸蜜鳥）、'akialoa
（一種燕雀）、nuku pu'u（導顎雀），甚至還有種鳥，
生著奇形怪狀的鳥喙，剛好可伸入特有種的山梗菜之花
朵。等一等，沒有螞蟻。這是一座靜如鬼域的樹林，只
有冠旋蜜鳥還活著，但殘存的冠旋蜜鳥有其特殊意義：
牠本身的存在便是無價的警惕，牠提醒我們即刻行動，
提醒我們不得讓歷史在他處重演。

發自心靈的凝視，我們可把遠古的大地原野連成一個完整的全球
生命之網，想像著從此處出發，走一趟幾乎毫無障礙的全球之
旅。從這個斷裂的生命之環，我們能夠看見一萬年前的自然世
界：那個時代人口稀疏，人類占地有限，農業還在起步，農田面
積稀少。

　　這類想像之旅，實為當今旅行之逆向回溯之旅：不是繞過野
地追逐城市，而是跳過市鎮直抵野地。如果所選定的路線一如我
們先祖在六萬年前開始遷徙的路線，這將會是一趟獲益良多的學
習與長途飄泊之旅。

　　旅程從人類源起地啟程，即在南非與中非的疏林草原及邁翁
波植生（miombo）的旱林邁開腳步，該處目前大部分地區還是
保持天然的地景。途中還可順道轉遊剛果河盆地與西部非洲。然
後繼續往北，沿尼羅河走，或許也可渡過曼德海峽（Bab-el-

Mandeb），離開非洲大陸到歐亞大陸。這趟旅程勢必得繞道，以避開人口稠密、占地寬廣的地中海區域，包括整個中東。然後再走過波蘭與白俄羅斯的比亞沃維亞查森林，這是中歐最大的一片殘餘原始林地。旋即進入泰加林（taiga），即北方針葉林。泰加林從斯堪地那維亞與芬蘭開始，大體濃密連綿往東分布，越過歐亞超級大陸到太平洋岸，全長七千公里。途中會經過貝加爾湖，那是世界上最大的淡水水域，及最多北方溫帶水生特有種動物的原鄉。

　　從西伯利亞與中國北部的黑龍江地區，原野之旅很快地抵達中亞的阿爾泰山山脈、西藏高原及喜馬拉雅山南坡的偏遠地區。南下到了緬甸與印度的西高止山山地，並接上熱帶林。

　　旅程並未就此打住，接著往下穿過印尼。印尼島嶼眾多，不過未經人類干擾的島嶼正急快地銳減。往東行是覆蓋著鬱鬱蔥蔥森林的新幾內亞島；該島嶼由兩個國家分治，島西為印尼伊利安島省，島東為主權獨立的巴布亞新幾內亞。從印尼的小異他群島最南端與東帝汶一帶，再渡過帝汶海。這段旅程有如同當年第一批先住民渡過帝汶海，登上澳洲北方及西北澳的南方金伯利地區。這兩區大致還保存了原本的生態環境。

　　旅程兵分兩路，另一段往西伯利亞東北部行去，越過大致尚無人跡的阿留申群島到達阿拉斯加，走過廣袤無垠的北極內陸與北極南緣的灌叢地，朝南到了加拿大的泰加林區。＊從北美洲大陸西部沿西海岸南下，走在依舊保存良好的山區及中美洲與南美

＊　譯按：泰加林（taiga）在北美洲稱為「北寒林」（boreal forest）或「雪林」（snow forest）。

洲的低地熱帶區。這區的內陸地帶是一大塊相當原始的棲地。旅程即將終了，從祕魯高地到巴西的貝倫，穿越雨林到達熱帶草生地，這裡是世界最大的河流集水區，匯流成如此一條滔滔大河。

我們時斷時續的生命寰宇之旅，終於在安地斯山山脈的東坡與山麓打住。我們發現，那裡是人類最後行腳的大陸洲地區，也是擁有天賜最多野生植物與動物物種的地區。

祕魯的兩種田基麻植物（*Wigandia crispa* 與 *Hydrolea diatoma*）。
伊波利托・魯伊斯・洛佩斯（Hipólito Ruiz López）與
約瑟弗・帕翁（Josepho Pavon），1798-1802。

16

歷史新詮釋

歷史並非智人的特權。在這個充滿生命的世界裡，何止有數百萬個歷史；每一個物種皆是一個古老血脈的後裔。歷史是物種在一段冗長的生命旅程裡、通過一道道演化的迷宮之後，在時空留下的某一個點。在迷宮裡每回的轉彎與前行皆為物種存活繁衍的一次搏命之賭，所有參與的賭徒皆攜帶了族群中許多基因做為賭注。這場豪賭，是族群中的許多生命在所處的賭局環境內尋找出路。賭賠便是用來供養下一代繁殖個體所需的花用。過去數個世代使用的基因所指定的性狀，在未來極可能繼續發揮其功能，但也未必一定會用得著。生命所處的環境一直在變動。處於新環境的基因，其賭運可能照樣高照，物種可以活下去；但也有賭運很背的時候，物種被迫退出生命的舞臺。許多物種靠基因突變或基因的新組合，有了某種變異型，便可能讓這些物種繁衍並傳播開來；但處於變幻莫測的環境，該物種隨時都可能輸了這盤演化賭局，它的整個族群就每下愈況，終究走上滅絕末路。

一個物種的平均壽命之長短，要看它其所屬的分類群。對於螞蟻與喬木而言，物種壽命可長達數千萬年；對於哺乳類動物而

言，則短至五十萬年。把所有的分類群放在一起計算平均壽命，物種的壽命似乎（非常粗略的估計）是一百萬年。過了這一百萬年的時間，時間可能長到該物種都改名換姓為一個新物種了，或者該物種可能已經分成兩種（或更多物種）；再或者，該物種已永遠消失了，加入自從有生命以來、生死簿上百分之九十九物種中的一員了。別忘記，每一個活到現在的物種（包括人類），皆是競賽冠軍群中的冠軍。我們都是最好中的最好，是在迷宮中從未轉錯方向的物種之後裔，屢戰屢勝——至少現在還沒有失手。

一個物種的歷史因此是一部敘事詩。在一段時間內——或許不是本世紀，因為這個生命圈中仍然有大量的其他物種——科學家或許能全面且深入的、對任何隨機挑選出來的特定物種作生物學研究。

科學家會揭露物種的生命周期，瞭解物種的解剖構造、生理、基因及生態棲位等生態學，也儘量設法從地質學角度找出其歷史真相。若有了該物種的化石，對其研究也必有無上的助益。科學家往往將該物種與其最類似的其他物種作比較，以推斷其歷史。這些研究工作不外乎是將它放置在關係最密切的物種族譜內：有了DNA定序法的協助，科學家可決定它過去是來自那一個現存的物種。如此，可溯本追源找出物種的共同祖先，正如追溯人類的祖譜。因此從系譜樹上的大大小小枝條去找尋，基因分析學加上該物種遺傳的生物性狀證據，將可顯示其親緣種的現在與過去的分布，以及其昔日的生物性狀。

特定一類的演化祖譜，稱為「譜系發生」（phylogeny）。＊重

＊　譯按：指生物類群（如種、屬、科等）的演化史。

構這類物種譜系的發生，可能是我們能夠最不失真地重述該物種敘事詩之方式。隨著敘事詩數量的大量累積，我們便可揭曉生命史的原則；我們身處充滿生命的世界會更加有意義，我們便可迎向未來。

當然，我們人類物種（智人）也有演化史，其可溯自更久遠的史前史之前。人類位居此生命譜系的枝梢末端。一般說來，人類文化的浩繁故事表現在敘事詩，此與其他物種沒有什麼不同之處；然而你也必須瞭解，塑造出浩繁敘事詩的諸般人性，也是演化的產物。我們有南猿遠親與南猿祖先，我們還有能人（*Homo habilis*）曾祖母與我們直立人（*Homo erectus*）母親。這使得生物學與文化這兩個層級彼此匯流，且意涵極其明顯——若沒有史前史，歷史是沒有意義的；若沒有生物學，史前史也是沒有意義的。

讓我們從最深遠的地質史回顧過去，溯自原始的單細胞無核生物，所有活物種都可看作同一生命譜系的巨大家族之一員。若從三十八億年前追溯到五千五百萬年前的某一個時期，我們發現了所有屬於舊世界靈長類動物類的大枝條（譬如說）；再向上尋覓，我們找到了原始人科（hominids）的枝條；最後，在這枝條的末梢上找到了人類。

我們能適應的關鍵在於我們有較強的腦，靠的是我們演化上的機緣。靠著較強的腦，我們在歷史上重新創造了許多事件。我們為未來發明許多可選擇的事件，從中選擇一項，或許決定讓它成為我們人類故事的一部分。我們是地球上唯一與其他物種截然不同的物種，我們能純粹只為累積知識而累積知識，並將我們的

身分結合群體間的知識與合作能力,為未來作出決定;其決定通常是對的,但同時也有相對的災難。

在這種過程中,我們來到了這一個關鍵時刻,要進入抉擇盡力學習有關其他的生命——也就是所有的生命,整個生命圈。我們要去發現地球上每一種生物體,還要盡可能學習那些物種各方各面的知識,這當然是所有工作中最艱辛的一件事。但是,我們會去做的,因為基於許多基礎科學上與實用上的理由,人類需要這些資訊;且有更深層與難以抗拒的理由:「探索未知」存在於我們的基因裡。不久之後,繪製地球的生物多樣性圖會是一項「大科學」企畫案,其規模可比擬現今的癌症研究與腦活動圖的製作。除非我們目前估計的生物多樣性數量與實際天差地遠,否則地球上現在大約每一千個人就會有一種生物體存在。理論上,為每一個別生物種找到一位贊助者並非難事。在超電子連線與數位化下,集全人類的所有心智,可快速匯流我們所繼承的所有生命。然後我們會懂得滅絕的完全意義,屆時我們會深切懺悔被人類漫不經心棄絕的物種。

生物學的所有知識從物種命名與分類開始。一旦鑒定出標本的種名,就可信手取得該生物相關累積的資訊。這是林奈氏雙名法的魔力,像是普通果蠅的種名為 *Drosophila melanogaster*,白頭海鵰是 *Haliaeetus leucocephalus*。生物體的種名是搜尋其科學知識的金鑰,可凝聚我們個人已知或自以為已知的信息。雙名法是一種層級系統,適合人類思考的實際運作形式。只要重複使用,用心聽其發音並去感知未知的信息,那就是一首科學的詩。

一個物種的生物學定義是:「在自然環境下可以彼此可繁殖

成所有個體之總稱呼。」我以前用「獅」做過比喻，獅的學名是 *Panthera leo*；獅是虎的近親，虎學名是 *Panthera tigris*。*Panthera*（豹屬）是兩者共用的屬名，代表在基因上彼此相近的兩個物種（獅與虎）的貓科動物。此古典的分類系統可持續向上級發展與平行的同級發展，形成層級系統，如同樹葉到細枝條到粗枝條。豹屬下的獅與虎及其他貓類的動物（如家貓、赤猞猁、猞猁、細腰貓）歸類成分類學上的貓科（Felidae）。貓科內的物種加上其他如狗科（Canidae）及其他親緣哺乳類動物便組成肉食目（Carnivor）。如此從種、屬、科、目，逐步往上層級歸類，直到所有動物、植物、與微生物等物種。不論現存的或滅絕的生命，都包括在分類學層級系統（taxonomic hierarchy）內。

這是古典的分類學，可追溯到二百五十年前的瑞典學者卡爾・林奈（Carl Linnaeus, 1707-1778），且仍可通暢使用。此分類學提供了分類架構的基礎，成為博物學的科學語言。學名的雙名本身係基於拉丁文與希臘文語意學，不拘文化均可發音與讀取。它提供各物種一個像我們為每個人取的名字，並可輕易導引到該物種所歸屬的所有分類層系架構各層級。到目前為止，所有有關物種累積的知識，都可透過引用物種的學名而取得。

分類學的命名，與我們的人腦思考及不假思索的溝通方式同樣流暢。林奈氏的雙名法不會妨礙我們之間的交談。一位田野生物學家說到一隻繞著香蕉飛來飛去的小蠅時，可能會說：「這是一隻果蠅類昆蟲（drosophilid），必是果蠅屬（*Drosophila*）的某種。我猜是普通果蠅（*D. melanogaster*），但要百分之百確認，我得在顯微鏡下檢查牠的關鍵性狀。」

　　再來是一隻在海濱生長的紅樹（*Rhizophora mangle*）樹皮上的蜘蛛，牠的八隻腳外伸，尾端有一對長長的尾巴狀吐絲器：「這隻是長紡蛛科（Hersiliidae）的蜘蛛。我還不知道牠是長紡蛛科的那一屬或那一種，但是無疑是一隻長紡蛛科的蜘蛛。」接著是一隻有長長的軀體、與難以數得清有幾對腳的生物體：「那是一隻蜈蚣，且不是普通的蜈蚣，而是石蜈蚣科（Lithobiidae）的一種。牠是石蜈蚣科沒錯，但絕不是蜈蚣科百腳（scolopendrid）、蜈蚣科蚰蜒（scutigerid）、地蜈蚣科（geophilid）的物種，或是在世界各地十個已知蜈蚣科中其他科的物種。」

　　最後再舉一個例子。不久之前我在莫三比克的戈龍戈薩國家公園做田野研究，我們看到一種大螞蟻密密麻麻地排成一條長長的隊伍，如行軍般爬過一條泥巴路。我對公園裡的遊客解說：

> 這些是馬塔貝利猛蟻（matabele ants），是非洲這個地區的人給牠取的名字，是用古時辛巴威的馬塔貝利戰士來命名的，我們正開始要好好地研究這種螞蟻。牠們正確的拉丁名字是*Pachycondyla analis*，而且牠們是唯一會以高度協調的縱隊行軍的螞蟻，全部螞蟻都往同一方向前進。這類螞蟻必須如此排成一列縱隊進攻，始能獵得糧食，牠們只獵白蟻。每一種白蟻都有強健的戰士，守衛著蟻巢的大門，但猛蟻卻可易如反掌地收拾那些戰士。每隻猛蟻都用牠們的大顎銜住白蟻，班師回巢。這種戰鬥行為令人嘆為觀止！馬塔貝利猛蟻出征的理由只有一個：白蟻戰士的屍體。

　　科學研究物種所累積的知識，是依照層級系統的位置編排登錄。物種的基因關係與演化史皆記載於該位置上。當有新的證據出現時，物種可變動其位置及改換其種名。如果沒有這類層級系統，沒有嚴格的、國際認定的動物學與植物學分類資料，地球生物多樣性的知識必將淪為一團混亂。

　　層級系統與正式的命名法則不能輕易更動，但是數位革命大幅改善了層級系統的資訊傳遞與應用。我的學術生涯主要是研究螞蟻的分類學，為此我必須四處商借參考標本，瞭解這些物種的命名與分類依據，或遠赴歐美典藏標本的博物館檢視其收藏品。為了查閱參考文獻，我必須進一步搜找束之高閣的、過期的，或是冷僻的專業期刊。我幸運地在哈佛大學任職，有著世界最多螞蟻標本典藏的學府，典藏了或許有七千種螞蟻標本之譜，加上數百萬的防腐處理的標本，典藏品多到難以計數！哈佛大學的動物學圖書館大該是全世界數一數二的完備。我比起其他教授到田野出差的次數可少了許多。但是分類學的研究還是慢如蝸牛爬行。

　　我剛才描述的令人裹足不前的瓶頸，現今在所有動物、藻類、真菌與植物的分類完成後，已經大致解決了。關鍵的標本（包括初次命名所根據的「模式」標本）都以高解析度攝影並存檔。它們的三維性狀在電腦軟體操作下看得一清二楚。

　　這些影像可上傳到網站，附上描述與文獻，這樣一來世界上的任何人只要敲幾下輸入鍵就可閱覽了。生物多樣性的全部資料正由幾所主要大學與研究機構的聯合電子掃描，即將提供線上取得。其成果稱為「生物多樣性文獻圖書館」（Biodiversity Heritage Library），最後包含高達五百萬頁的資料。在此同時，《生命百

科》（*the Encyclopedia of Life*）的設計也已做了一陣子：這是一個網址，描述所有已知的物種，且資訊可供搜尋、可免費取得並做成概要。在本文撰寫之際（二〇一五年）已接近一百四十萬頁，收錄了百分之五十以上全世界已知的物種。另外有許多輔佐性的計畫可新增資料，增加《生命百科》內容之不足，這些計畫包括全球生物多樣性資訊庫（Global Biodiversity Information Facility）、生命圖（Map of Life）、生命信號（Vital Signs）、美國國家物候學網路（USA National Phenology Network）、螞蟻維基（Ant-Wiki）、魚類庫（FishBase），及數據龐大、資訊公開的DNA序列知識的基因庫（GeneBank）。概括而論，數位革命已將生命的分類推前數十年、甚至數百年了。

隨著所有這些事業的資料庫增長，新開發的方法也可將資料庫的內容轉換到搜索引擎，協助快速鑑定標本。最有效能的顯然是條碼系統。條碼系統的檢索是採用粒腺體基因的DNA序列，此粒腺體基因位於各細胞的細胞核外，因此僅透過母系遺傳。其中，在CO_1基因由僅六百五十對鹼基構成的一個片段，就特別有用處，因為每一個物種皆不同。絕大多數（幾乎沒有例外）的狀況，若生物學家有了CO_1，且科學上已知有此物種，他們便可指出該物種名。利用這個方法，他們也可比對出生命期很不相似的物種，像是毛毛蟲與其蛻變成的蝴蝶成蟲。在法醫學上，科學家甚至可以從生物體的小碎塊鑑定出來自什麼物種。CO_1法是第一次，科學家可以區分出物種解剖學上極其相似、卻無法靠標準的分類學方法分辨的物種。

只要是上好的事物，總會吸引狂熱之輩的目光，條碼系統就

是一個例子。使用條碼的人的眼中，認為條碼是解決科學界短缺分類學專家的方法，也是直搗繪製全球生物多樣性之工具，甚至有人認為它可取代廣為採用的層級式物種分類系統。但是，這些希望顯然都會落空。條碼法是一種科技，但並非一項科學進展或科學知識。

再說，探索地球生物多樣性能否保證在二十三世紀之前實現，還是未定之天。真正的問題在於學者專家的嚴重短缺。科技缺乏科學就像車輛缺少輪子與道路地圖。解決這個問題得要有更多的博物學家，或更精確的是讓科學博物學家加入這個行業。我們需要更多研究特定生物體類群的專家，全職從事基礎研究物種分類學與物種發展的博物學專家，並在其他科學家的通力合作下，最終研究所有其所專注的生物類群物種的生物學。這些科學家同時也是歷史學家，能言善道已解密的每一物種之生物學。科學的博物學者過去一度是生物學的領導者。他們曾是、現在也是少數的「論理學」（logos）大師（即亞里斯多德的「論理」者）。這些專家包括哺乳類動物學家、爬行類與兩棲類學家、被子植物的植物學家、真菌學家等等，見諸林奈分類學的名人錄。這類專家學者的人數之所以大為減少，是由於一種錯誤的認知：生命環境對人類的重要性已遠不如非生命環境。

科學的博物學家過去是、現在也還是一群特異獨行之輩。他們的精力不會專注某項特選的過程或是引起他們看重的大問題；他們的一生也不準備花力氣在追蹤某一個生物化學循環、穿透一層層的細胞核膜、繪製腦波、或致力於其他類似的大目標。相反地，他們全心全意地研究每一件事——這裡我說的不折不扣的

「每一件事」，是關於他們所選定的生物群類之生物學。這些生物群類，雖然不見得是所有的鳥類，但可能是南美洲雀形目的彩鵐類；不見得是所有的開花植物，但或許是北美洲東部的櫟樹類。每一點資訊總會有其價值且可公諸於世，即使只會在線上發布。

博物學家因此往往會提出出人意表的驚異之事，其發現也經常是最重要的。他們平常碰到的許多現象，對那些只專心於幾十件模式物種的分子與細胞組織等小事情的生物學家來說，是根本從未想像過的。我為我本人及我的同儕的工作感到一絲驕傲，特別是當我受邀為某重要行為生物學研討會的大會演講者，在一位知名的分子生物學家介紹下，他說：「愛德華是這樣的一種生物學家——他的發現會是我們這些生物學家研究的對象。」

一位真正的科學博物學家，會忠於他研究的生物群類。他會覺得對它們負有責任。他「愛」它們——這個愛不是他所研究的蚯蚓、肝扁蟲、肉食性苔蘚之實體，而是他的研究揭開這些生物體的生命祕密，及這些生物體在世界上的位置。我本人深知，生物學家可歸成兩類，其區別在於世界觀與研究方法論。第一類生物學家相信這個法則：生物學上的每一問題，都有一種理想的物種可以解決。進而是選對好的若干模式物種：果蠅供作某細微的遺傳性、大腸菌供作分子生物基因學研究、線蟲呈現神經系統的結構，依此類推，涵蓋整個分子生物學、細胞生物學、發育生物學、神經生物學，當然還包括生物醫學。另外，第二類生物學家、也就是博物學家的法則與第一類生物學家背道而馳：每一種生物體皆有一個理想上能解決的問題。例如，棘魚可供研究出於天生的行為、椎螺與毒箭蛙可供研究神經毒素、蟻與蛾可供研究

費洛蒙，因此可包括整個生物組織的層級（從細胞群到生物體與演化生物學的所有原則）。

　　令人扼腕的是這兩類生物學家之間的合作多於競爭，結果博物學家注定是輸家。一九五〇年代開始有了分子生物學，現代的學術光芒也只焦光在分子生物學，經費與名望則焦光在結構生物學與模式物種的學者身上。這個經費資助的大部分顯然取自相關的醫學。從一九六二年起直至世紀末，第二類生物學（生物體生物學與演化生物學）的博士班學生人數往下直落，而那些微生物學、分子生物學、發育生物學的博士班學生人數則像雲霄飛車。儘管研究生態的生物多樣性研究及其他環境科學與博物學密切相關，但在研究型大學的教職名額也呈現相同的下滑趨勢。科學博物學往往被誤認為是落後與該淘汰的職業，科學博物學家只屈就於有限的博物館與環境學研究機構；但即使如此，這些職位也經費無著，越來越朝不保夕。

　　這種學術名望與資助的差異，使得科學及人類保護生命環境的能力節節敗退。如果生態學與保育生物學真能足夠成熟，以確保地球的生物多樣性，這不會是靠理論與在生態系上空取得資料，也不會是靠分子與細胞生物學的研究，而是靠分類學者一步一腳印的實作。讓大的功勞與榮耀永遠歸於那些探索棲地複雜多樣特性的學者，以及幾種細菌、線蟲及鼠類精微細節的學者；但是，也要向那些為數越來越少、研究其他所有事物的學者們致意。

第三輯

錦囊妙計

全球保育運動已暫時減緩，但幾乎未能遏阻當下的物種滅絕。物種的喪亡速度反倒愈來愈快。如果生物多樣性要恢復到人類四處遷徙前之自然滅絕速度，以便於保存給未來世代，保育的努力就必須提升到一個新的層次。要為「第六次大滅絕」謀求解方，唯有靠增加不得侵犯的自然保留區的面積，且不可少於地表一半的面積。這麼大的面積不但有利於當今人口增加與人類遷徙所造成未能預料的結局，也有助於數位革命推展的經濟演變。但同時，這也需要我們在環境倫理上做根本的轉移。

邁氏絨皮鮋（或疣鮋，*Aploactis milesii*）（上）與
提琴蜥頭鮋（*Glyptauchen pandurats*）（下）。
《倫敦動物學會會誌》, 1848-1860。

17

覺醒與頓悟

地球在宇宙中是個大小適宜、位置得當的行星，與它的太陽恆星不致靠得太近而被烤焦，又不致離得太遠而被冰封。這個行星在三十多億年前開始有了生命，除了南極洲有部分生命圈尚無生命進駐。在其他地方，甚至是南極洲的淺海邊緣，生命亦然繁茂多樣；但進入其內陸區域，如墨德皇后地（Queen Maud Land）山脈的溫特湖（Lake Untersee），該處環境類似火星、不像地球，演化因而停滯。一位任職搜尋外星智慧（SETI）研究所的科學家岱爾·安德森（Dale Andersen）曾描述：溫特湖是「一個少有人見過、或想像過的地方。」

氣候嚴酷與地勢崎嶇，有時狂風怒號與驟雪紛飛，風速每小時可達一百七十六公里。每年有四個月的黑暗期，只有如雷貫耳的冰塊崩裂聲與震耳欲聾的狂風聲。湖邊環繞著隆起的崇山峻嶺與鋸齒般的巍峨山峰，阻擋了湖外四方的大陸冰棚流動。平緩坡面上的阿努欽冰河（Anuchin Glacier）自北南流，受阻於湖的岸邊。墨德皇

> 后地內陸及溫特湖，彷彿是地球最早期的世界。那個由
> 微生物盤據形成的生命圈，其組織與結構與我們所看到
> 的、保存在沉積物內三十四億五千萬年前的生命相同。
> 在厚重的永凍冰層下，生活著一層復一層的藍綠藻
> （菌），看起來這數十億年來未曾受過擾動……

現在來設想，南極地帶曾經偶然產生了最適宜生命的環境；但這生命的基因碼特殊，接收的恆星能源與礦物類型十分特異。其上的生物多樣性之基準與全盛狀態，極可能有如墨德皇后地的現狀，或有如亞馬遜與剛果的赤道氣候地區──該地氣溫太熱，只能維持最底層與最原始的生命形式。

這能幫助我們開展視野，將地球視為一個整體。如果要花上約十億年的演化時間，讓單細胞細菌與古菌在我們的行星上演化出更複雜的生命形式，那就可能意識到：我們的原鄉是多麼的微妙，那些生態系各部分所庇護的每個物種是如何的複雜，物種間的曲折關係是多麼的錯綜複雜與糾結難分。現在地球的生命圈就像被鳥意外飛穿的圓形蜘蛛網，美麗的規律之網已瞬間化為殘缺破爛。蜘蛛天生就知道這種風險，故會在網的一部分築一條明顯清晰的絲帶，向入侵者叫嚷早點轉開。

像蜘蛛這般的警告標誌處處可見，但依達爾文式的演化傾向，我們腦的設計喜歡採用短視決策，放棄長期規畫，讓我們對擺在眼前的警訊視而不見。這讓我憶起二〇〇五年在德州技術大學與一位水文學家聊過的話題。我對德州潘漢德爾區（Texas Panhandle）的發達農業經驗印象雖然深刻，但也深知作物是靠

奧格拉拉（Ogallala）地下水灌溉的。當我知道水的進水補充率比目前的抽水取用率要慢得多時，我問這位水文學家，灌溉水可以用多久。「哦，如果我們慎重抽取，大約二十年吧。」我又問，「到時候怎麼辦呢？」他聳了聳肩回答，「哦，船到橋頭自然直，我們總會想出一些辦法的。」

但願他是對的，但當前的信息並不樂觀。此處與其他勉強堪用的邊際棲地，在氣候變化與短視的想法下已產生難以負荷的重擔。隨著非洲薩赫勒（Sahel）全境的沙漠面積無止盡的擴張、澳洲乾旱的內陸中央向外圍逼近海邊的農田、科羅拉多河已無水可供應美國西南部需水孔急的田地，最後農業人員將不得不求助於旱作。他們得要有多年生深根特性的物種，及會結食用種子的、更抗旱的禾本作物。

整個世界已經步入水資源危機好一陣子了。大約有十八個國家，占全球人口一半的家園，都在猛抽地下水。在中國北方穀物生產帶的河北省，深層的地下水位平均每年下降三公尺。印度農村低地區的地下水位降得快速，某些地區的飲用水必須靠卡車載運。一位國際水資源管理機構的官員說過：「當壓力承受不住的時候，印度農村會陷入無法言喻的無政府狀態。」而中東地區的仇恨與社會動盪很明顯不是宗教造成的，也非與過去歷史的不公義記憶造成的，而是因人口過剩與可耕地及水資源的嚴重不足所致。

地球上有超過七十億窮凶惡極的人類，消耗地球原本不充裕的資源。到本世紀末，可能會有一百億左右的人口變本加厲其惡行惡狀，除非農業生物學與高科技可以某種方式扭轉乾坤。而

農業還得面對其他諸多的現實問題。目前我們消耗地球的自然光合作用生產量將近四分之一：行星製造那麼多的綠色生物量，最後大都被我們掠奪、送進胃裡，且數量百分比還在日日增加。人類沒用完的行星生產量，才會留給其他所有數百萬種的生物。

目前地球的總生產量已可精確的說明如下。至少在過去三十年間，如美國蒙他拿大學的史帝芬‧朗寧（Steven W. Running）曾報導的，地球陸地主要的植物之淨初生產量*幾乎沒有什麼大變動，每年產量的上下差別低於百分之二。全球總降水量每年也不過僅有百分之二的變動差別，而帶動光合作用的全球日輻射量之增減不到萬分之一。人類如今將淨初生產量的百分之三十八用來供作能源與燃料，而人類能否用這種方式持續增加、消耗餘下的百分之六十二呢？我想恐怕是行不通的，至少不會是靠傳統的農業生產方式。如果扣除人類未採收的量，那麼只會剩下全球總淨初生產量的百分之十供人類做額外利用，而此百分之十多分布在非洲與南美洲。除非有新設計的綠色革命，否則人類要增加利用淨初生產量，將會面對根除大半殘存的陸地生物多樣性之風險。

重點結論還是老話一句：要是用陳舊的短視方法去摧毀大部分的生命圈，就會種下自作自受的災難。數十億年的物種多樣性造就了無數生態系，使其達到最穩定的境況。因地震、火山爆發、小行星撞擊等造成的氣候變遷與非人類可控制的災變，均會

---

* 譯按：淨初生產量是指植物在單位時間與單位面積內，經過光合作用生產的有機物量扣掉呼吸消耗量的差。

傾斜自然的平衡；但靠著地球上各種生命形式** 的多樣性與韌性，災變造成的傷害會在相對短暫的地質年代裡被一一療癒。

最後，在人類世的時代，地球上生物多樣性的防護罩正被一一打碎，碎片也被棄如敝屣。碎片內的生物多樣性，將只能由人類的妙計輕諾來填補。有若干人期望我們可以完全掌控所有地域，我們能採用監測感應器、按下正確的鈕鍵，依我們選擇的方式掌控地球；對此，我們其餘的人必須問：地球這顆行星真的可以像真正的太空船一般、由單一物種的智慧生物來掌控嗎？確實，我們應該不至於愚蠢到涉入這麼巨大又危險的賭局。科學家與政治領袖沒有能力去替換掉這難以想像的複雜之生態棲位***，以及生態棲位內數百萬物種間的動態關係。如果我們硬要嘗試──正如我們似乎決定要如此做，且我們真能做到某種地步──請別忘記這是一條無法回頭的路。上了路便沒有回頭的機會。我們只有一個行星，我們僅可做一次這種試驗。如果已經有了一個萬全的選項，為何要去做一個威脅全世界的多餘賭博呢？

** 譯按：生命形式是指生態、物種、基因。
***譯按：生態棲位的最簡略意涵是指某物種的族群能存活的生態空間。

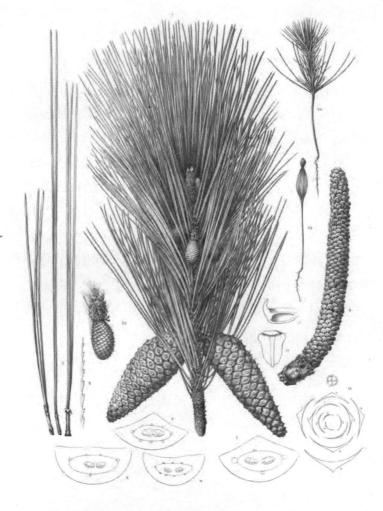

美國東南部的濕地松（*Pinus elliottii*）。
喬治‧英格爾曼（George Engelmann），1880。

18

修復與重建

世界各地還存有一些不折不扣的無人煙野地；如果放著不管，將仍有很長一段時間可維持自然狀態。還有，若干仍可算是自然的野地，若能移除若干入侵物種，或是重新引入一至數種已失去的基石物種（或是兩者並行），即可修復環境到接近其原始的條件。* 對於受到極度人工簡化的另類地景，若要修復至原有的生命環境，就必須進行一些基礎工作，依據特定程序及某種組合方式搬進土壤、加添微生物及真核生物（藻類、真菌、植物、動物）等。

對於為數眾多的保育小計畫，免不了要動用人的力量才能修復、重建自然野地。每一項計畫皆要量身打造。每一項計畫皆要與詳知當地環境與熱愛當地自然的科學家、社會活躍分子、政治菁英及經濟領袖攜手合作。要修復重建成功，需有參與者點點滴滴的企業精神、勇氣與毅力。

---

* 譯按：基石物種是對某特定的族群或生態系功能與結構有決定性影響的重要物種。

　　大型的保育計畫就像新興的科學領域，皆從不畏艱難起步。由少數人向前推進，他們秉持著置生死於度外，與不計毀譽的冒險精神。他們有非世俗的夢想，不畏超時的工作、自掏腰包、忍受煩心慌亂的困境。一旦成功了，他們出眾的觀點即成為新的規範。他們的個別奮鬥史必將為他人所稱頌，成為環境史的篇章。

　　我在自然公園與保護區工作的時候，有幸與兩位生物多樣性保育的第一線朋友共事。他們各自在不同的大陸洲不畏艱難地奮鬥過。他們要修復重建的地景所面對的問題，乍看之下似乎南轅北轍，但這兩位保育人士皆受到相同力量的鼓舞：對他們鍾愛的棲息地的那份熱誠，以及需把先前被人類活動摧毀的基石物種帶回原地的那份覺知。

　　美國佛羅里達州米拉馬灘區（Miramar Beach, Florida）的戴維斯（MC Davis）生前（他於二〇一五年死於癌症）是一位非常成功的企業家，他的財富主要來自於財產管理與拯救小企業。他先是全心全意從事資本投資與開發，這應該算是一個典型美國商人的生活方式；但他也是喜歡戶外活動的人，尤其是懷著科學與教育的熱忱，四出探索家鄉佛羅里達州的潘漢德爾區（該地區狀如鍋柄）。戴維斯自習生態學與博物學，他發現大部分佛州潘漢德爾區的林地生物多樣性人為干擾狀況極為嚴重。他的研究發現，主要的原因為美國南方野外的識別標誌樹種——長葉松（*Pinus palustris*）的消失。

　　長葉松的樹形高壯、材質優良，與白松及紅杉（世界爺）同列美國最上等木材的樹種。在歐洲人未踏上北美洲之前，長葉松是美國南方百分之六十自然土地的優勢樹種。長葉松並不會密密

麻麻的長在林地內，它也不是在南方地景上散生的小面積闊葉樹林中為數最多的樹種，而是開闊的疏樹草原上的優勢樹種。與長葉松林同時生長的其他樹種，因頻繁遭受雷電之災，燒得所剩不多；而長葉松能免於回祿之災活下來，是因為其在樹苗期演化出特殊的耐火性，包括地上部竄高快速的莖與深埋的根群。在長葉松的老生林裡行走相當輕鬆，因為林下植物多為低矮的草本與灌叢，這也代表有多種開花植物亦適應了頻繁的自然野火。

美國南北戰爭之後，北方企業家與生計再度陷入窮困的南方居民，開始伐採長葉松做為主要財源。到了二十世紀末，未受干擾的原始長葉松林只剩下不到百分之一了。

一次伐光地上的樹木，*不只是大量減少優勢物種的數量；沒有了樹的疏樹草原，讓整個生態結構也跟著改變。高市價的長葉松缺貨，只好用先前被視為雜木的無用樹種（包括速生的濕地松與火炬松）上市交易。林下原本物種豐富的草類與灌叢，如今被高莖的下層植物所取代。這些下層植物、加上新形成的優勢松樹，會在林地鋪上一層又厚又乾的落葉與易燃的枯枝，穩穩地堆積在林地上。如此一來，野火不再緊貼地面燃燒，也不再因碰到原本適應耐火的植物就熄滅；只要稍有微風助虐，火舌在林下竄燒植物之際，便會往上竄升到樹冠層，變為猛烈的大火。我對這種劣化的環境再熟悉也不過了，我的童年就在阿拉巴馬州南部與佛羅里達州之西的潘漢德爾區晃來晃去；只是得等到成年後，我才瞭解到長葉松衰敗的這整個過程。

---

* 譯按：術語稱為「皆伐作業」。

戴維斯認識到，修復重建長葉松林才是讓佛羅里達州潘漢德爾區及其外圍的美國南部大面積生態重拾健康、永續自然的關鍵。其他的環保人士，包括有林業專家在內的長葉松聯盟及類似的環保組織，他們也都清楚問題的癥結所在，並捲起袖子想解決問題；但是只有戴維斯這位尋常百姓一人扛起問題，並付諸一個令人想不到的大動作。他注意到近墨西哥灣海岸不遠處的海灘，一些未開發的私產正要鏟掉地上的長葉松，在磽瘠的土壤上種農作物。於是他跟另一位企業家山姆・夏恩（Sam Shine）合夥，廉價買下一大塊有長葉松的土地，並交給永久性的保育信託名下管理。

接下來才是艱難萬分的起步，去修復重建長葉松疏林草原。戴維斯找來大型的伐木設備，開始清除入侵的濕地松與火炬松，並賣了這些松材補貼清除的作業費。他的團隊利用其他特種機具，耙掉密密麻麻、易燃的底層植生。當地面清理就緒，他們種下一百萬多株的長葉松種苗。當這美國南方主要的製材樹種開始回復之際，豐富的地表植物群落也回到其原本自然生長的狀態。

北佛州原初的棲地已有部分恢復生機，這時戴維斯又有了另一個主意：當我們在進行復原之時（用他美國南方兄弟般的低沉長尾音腔調說話），我們或許可以築一道野生動物長廊，一條狹窄但不間斷的自然環境長條綠帶，沿著墨西哥灣海岸，從塔拉哈西市（Tallahassee）之西延伸到密西西比州。這條長廊可以讓大型動物（包括熊與美洲獅）重新返回數十年前牠們離開的原鄉地區。這條長廊也可能緩和氣候變遷造成的傷害，譬如調節墨西哥灣沿岸東移的乾旱。這種連結現在看來是可能的。令人更欣慰的

是，長廊已在設置當中。部分完成與計畫中的長廊，包括州與聯邦政府林地、海岸河口氾濫森林、軍事緩衝地及私有野地區。

在遠方愛達荷州的格雷戈里・卡爾（Gregory C. Carr）是一位西部拓荒家族的後裔，是我有幸認識並予以協助的第二位美國企業家，他也修復重建了一片野地。卡爾靠電話語音創新技術及商業發展而致富，他投身於修復重建舊的莫三比克戈龍戈薩國家公園，這是一個巨大的工程。莫三比克在一九七八到一九九二年的連年內戰期間約死了一百萬人，戰後盜獵之風猖獗，幾乎所有的大型動物都已經絕種或瀕臨滅絕，包括象、獅及十四種羚羊。一度被視為神聖的戈龍戈薩國家公園與周邊的集水區，如今當地居民卻開始在山坡處砍伐雨林。

卡爾於二〇〇四年三月三十日去了戈龍戈薩國家公園一趟後，就著手重建這個國家公園，使其回復原本的面目。他重修了奇坦戈（Chitengo）的中央營區，又增設了全新的一座實驗室與博物館，供人員透徹研究公園與周邊地區的植物與動物之用。當第一個十年結束後，他大體完成了原本的計畫目標：如同他的計畫所述，遊客逐漸回籠，人數日漸增加。

卡爾的創新之舉不只是在科學與保育而已。從一開始，他就讓戈龍戈薩地區內與周圍的居民享有優先的福利。公園雇用了數百名當地人，包括勞力工、建築工、餐廳工及園區警衛等工作。他指派一位莫三比克人擔任公園總監，負責聯絡莫三比克首都馬布托（Maputo）的中央政府事宜。他也任命一位莫三比克人為保育主任。公園建設還包括一座醫療診所與學校，便於服務鄰近的村落；當地小孩第一次有機會就學到高中階段。還不只這些，

二〇一二年我初次到這座公園時的嚮導，是通加・托爾西達（Tonga Torcida），他榮獲坦尚尼亞學院的入學獎學金；這也是第一次，戈龍戈薩地區的居民能達到如此高的教育程度。托爾西達於二〇一四年學成返鄉，受聘擔任公園的主管職位。

戈龍戈薩國家公園的大型野生動物曾是莫三比克國家保留區最主要的傲人動物，如今開始快速回復到牠們在內戰前的數量。大部分的非洲象、獅、開普水牛、河馬、斑馬及多種羚羊等等，內戰時期殘存的小族群又再度繁殖增加了。另外幾種動物，包括鬣狗與非洲野犬，則列入要從周邊國家引進的名單。至於凶猛的尼羅鱷，不僅難以獵殺、也很難將之拖上岸；縱使有著荷重武裝的獵人，顯然其族群數目也從未明顯減少。

為了設下可供世界各地的公園之經營首例，管理當局決定廣邀各領域的專家為戈龍戈薩國家公園內的植物與動物進行普查。調查的動物包括數千種體型大小不一的無脊椎動物，有些是幾乎小到看不見的彈尾蟲；而我個人最為驚奇的動物，是大如野鼠的大蟋蟀與大螽斯。

這些採集的標本都存放在一座新建的實驗室，並會隨著未來在公園內的科學研究與教育計畫的進展，隨時增添與存放標本。帶頭做這計畫的人是熱帶生物學家皮歐特・納斯克雷基（Piotr Naskrecki），我一向樂於稱他是我所認識世界上最優秀的博物學家。而在我撰寫本書時，該項計畫正突飛猛進；例如，幾位同儕與我已鑑定出兩百多種螞蟻，有百分之十是新種。

莫三比克政府已認清一個大型公園對觀光事業的貢獻與科學上的價值，並嘉勉這工作的發展。政府當局採取許多關鍵措施，

有一項是把戈龍戈薩山劃進公園的正式邊界內，如此一來就保住了烏雷姆亞湖（Lake Urema）氾濫平原的四季循環，與當地農民的生計水源。計畫期間是協助改善公園周邊地區的農業，並協助成立數個委員會保護原住民的權益及公園野生動物的安全。有關這類多目標保育的理論與前景見諸於許多文獻，而能親眼目睹這樣的計畫行動，確實令人高興。

即使在最好的情況下，生物多樣性的修復與重建仍得面對一個頭痛問題，就是定出「基線參考點」。自然生態系是會有所變動的，期間可為數千年，多為數百年，甚至僅需數十年。組成的物種會發生基因變異，過了數萬或數十萬年，基因變異的結果或可視為是新物種的產生。有若干類植物，只要兩物種雜交一次便可立即產生一種以上的新物種，這是靠染色體加倍、或甚至僅靠一個物種內的染色體加倍，便產生的新物種。因此，從事修復與重建的人究竟要回溯到多久的過去，來建立他們入場干涉的基線參考點呢？

支持人類世的人已隨便採用一個基線參考點，去接受現在已所剩無幾的植物與動物：他們採用受入侵物種滲透而形成的「新生態系」。他們降低防堵線的作為，無疑顯示了其無知、愚昧與不當的妄為。要設定基線參考點，應該各物種的分析結果來慎選，這得看所決定之植物群落與動物群聚而定，以生物組成發生重大改變的時間，來推算多久之前可設為基線時間參考點。

經許多科學家驗證並提議的基線時間參考點，是根據化石與當代之證據，來顯示因人類活動而造成物種組成大變動的時期。例如戈龍戈薩國家公園的基線時間參考點是「更新世晚期」

＊，即從西非來的新石器時代人類入侵這些地區之前。在美國墨西哥灣海岸的基線時間參考點，則是在歐洲人開始移入之時、或稍後採收疏林草原上所有的長葉松之時——因為長葉松是廣袤草原的基石物種。

我在此選出的一項基線時間參考點的成功案例，便是先前提到的、北美洲濱太平洋岸的巨藻林之修復與重建工作。當動物皮毛貿易將海獺趕盡殺絕之際，海獺主食的海膽便開始大量繁殖，而海膽吃盡巨藻林，使這處巨藻林瞬間變成「海膽霸主地盤」。後來海獺受到保護，並繁衍到其原初的族群數量，巨藻林也回復了，還伴隨了大量依賴巨藻林為生的海洋生物種類。而在另一個極為不同的環境有項更艱鉅的挑戰，就是愛爾蘭原始森林的修復與重建工作：那是一處數世紀前浩劫餘生的最後殘存森林，隆升泥炭沼是其具代表性的殘留生態系。

從一個科學家的觀點，建立基線參考點的問題不在於對重建工作的爭論，而是這一系列引人入勝的挑戰，需要生物多樣性學、古生物學及生態學的整合研究。修復與重建將會是全世界公園與保留區需面臨的挑戰，其將成為研究與教育的核心。

＊　譯按：距今十二萬六千年前到一萬一千七百年前。

左圖：多足蕨（*Polypodium vulgare*）；
右圖：綠花鐵筷子（*Helleborus viridis*）。
加埃塔諾・薩維（Gaetano Savi），1805。

19

半個地球：拯救生命圈

眼前最重要的實情，是生物多樣性保育中心所面對的難題：
現存的野地及其內的物種，會有多少在滅絕率回復到人類
出現前的程度之前就喪失了。現在認為，人類出現前的滅絕率是
每一百萬物種中每年會滅絕一至十種；以人類的壽命週期來說，
此一古早滅絕率是極微小的，小到保育上認為是相當於零（也別
忘記，有多達六百萬種的現代物種尚未被科學家發現）。然而，
這也就是說，儘管全球保育運動如火如荼的拚命開展，目前已知
物種的滅絕率已增加到接近一千倍，而且倍數還會越來越多。

若所有生物系統均血流不止，最終只會導向一個必然結局：
生物個體的喪命與物種的滅絕。研究生物多樣性喪失趨勢的人都
驚覺到，在本世紀之內，倍數上升的滅絕率可能會輕易地徹底摧
毀現存的大部分物種。

影響物種生死的因素，是看留給牠們多少適宜的安居棲地。
棲地面積與物種數的關係已可用數學關係表示，此數學關係又再
經過多次修正，如今已受到科學論文與民間報導廣為採用。棲地
面積改變所導致可生存物種數的改變是三至五次方根，最常見的

是接近四次方根。在此以四次方根為例，若移除百分之九十的棲
地面積，可活下去的物種數會降到大約只有一半。這也是當今世
界上許多物種最豐富的地區之現況，包括馬達加斯加、地中海海
岸、亞洲大陸西南部若干地區、玻里尼西亞島群，及菲律賓與西
印度群島的許多島嶼。如果再拿掉剩下的百分之十的自然棲地
──這可能只需一個伐木隊的一個月工夫──所有現存的物種也
將消失殆盡。

　　換句話說，如果現存物種與其棲地的關係為四次方根（四次
方根大約是中間數值），則一半的全球地表面積所能保護的物種
比例亦在百分之八十五之譜。若要增加這個百分比，可以把一些
「熱點」納入這半個地球地表面積內，也就是那些瀕危物種最多
的棲地。

　　當今世界上的每一個主權國家都有某種類似保護區的系統。
全世界目前保留區的總數，在陸域約有十六萬一千處，海洋則有
六千五百處。根據聯合國環境計畫與國際自然保育聯盟的合作計
畫「世界保護區資料庫」顯示，二〇一五年的保護區陸地面積略
為百分之十五，海洋面積約為百分之二點八。且面積正在逐漸增
加，這樣的趨勢著實令人振奮。

　　能達到目前的成績，是那些領導並參與全球保育努力者的貢
獻。但是這個面積是否夠減緩、並可遏止物種滅絕率的加速呢？
令人扼腕長嘆的是，距離實際目標仍相差了十萬八千里。依目前
對保育付出的上升趨勢，到了本世紀末，是否能足夠拯救地球上
大部分的生物多樣性？這顯然仍待商榷，但我本人是不太相信辦
得到，即使那時需要拯救的生物多樣性也已所剩有限。

即使是在傳統保育措施下的最樂觀結局，物種的喪失數量還是會多到讓身為文明人的我們無法接受。生物多樣性的喪失，是無法靠目前採行的零零碎碎、小小規模的措施而可獲得拯救的。如果國家仍認為保育是一項奢侈的預算，大部分的生物多樣性勢必喪失殆盡。我們人類的作為正壓迫著其他生命走向滅絕，且看樣子是不會回頭了，其滅絕率越發可視為是一場如同人類祖先世代之前發生的、希克蘇魯伯（Chicxulub）規模的小行星撞擊事件。

現存物種要存活的唯一希望，是人類作出與問題幅度相當的努力。現在的物種大滅絕，加上基因與生態系的滅絕，其嚴重性已可比擬為大疫病、世界大戰、及氣候變遷等最致命的威脅，這都是人類自作自受的結局。對於那些滿意人類世隨波逐流、任命運主宰的人來說，我的忠告是要他們三思而行。對於那些帶領增加全世界保留區的人，我則會滿懷熱誠地要求：別停下來，目標再定高一點。

如此，族群數量少到危及生存的物種，會有多餘空間增加其數量。在開發壓力下罕見的、小面積分布的物種，也可逃離其多舛的命運。至於尚未被發現的、顯然已超過六百萬種的物種，將不再受到漠視，也不會被列為高風險群。人類可以更去親近一個複雜且美麗的世界，遠遠超出我們現在的想像。我們會有更多的時間為後代子孫整修我們的家園。每一個活生生的生命都可以繼續呼吸。

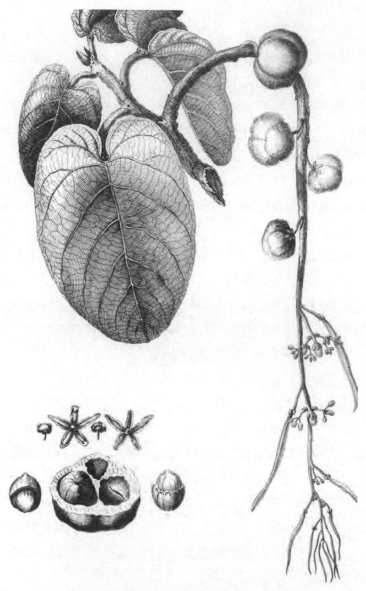

臍戟屬牙買加爆果藤（*Ronnowia domingensis*）。
皮埃爾・約瑟夫・比許茲（Pierre-Joseph Buc'hoz），1779。

20

瓶頸與障礙

本書所指的半個地球之解決辦法，並非意味著把我們的行星劃分為兩個半球，或其他面積大如整個大陸洲、或一個民族組成的獨立國家，也並非意味著要改變任何一塊土地的所有權，而僅僅是要有一個法條，規定與保障這些地區得以安然無恙的存在。換句話說，這意味著劃出盡可能大的自然保留區，為活在地球的數百萬物種請命。

保留一半行星的辦法，關鍵在於生態足跡。生態足跡是指滿足一個人一年平均所需的空間量。這個空間量包括居住地面積、淡水量、糧食生產與運輸、個人交通、通訊、統治權、其他公共社交、醫療設施、墓地、娛樂等。一如地球尚存分散在陸地與海洋各處的野域，生態足跡也散置於世界各處。這些分散地區的面積可大若沙漠與自然森林區，或小至數公頃修復重建的棲地。

但是，你可能會問道：人口不斷的膨脹，與人均消費量不停的提升，難道不會讓半個地球芻議的遠景，或任何針對人類世的限制作為變得不樂觀嗎？這句話問得有道理，但只在未來兩個世紀的世界人口均維持與過去相同膨脹率的條件下，我們才要擔

心。但是，從人口生物學而論，人類似乎已有把握贏得賭局。世界人口成長在自願或法律與習俗等因素下，遞增率已開始自動下降了。在女性取得社會與財務地位一定自主權的那些國家，其平均生育率則因應個人選擇而下降。在歐美各國出生的那些人，他們的生育率已持續低於零成長的門檻標準──即平均每位女性養活二點一個小孩長至成人。只要給予國民起碼的自由與有安全保障的未來，女性會選擇生態學家所稱的「K-選項」（即偏好少而健康且有能力的子女），而不會選擇「r-選項」（即生育多而生活能力低的子女）。

世界總人口是不會馬上下降的。因為過去生育率較高世代的每位母親育有不少子女，而且子女年壽較高，因而人口膨脹一時難以下降。同時，也還有一些國家有高生育率，每位女性平均生育超過三位孩童長至成人，高於每位女性二點一個小孩的生育率。例如巴塔哥尼亞、中東、巴基斯坦與阿富汗，加上南非除外的撒哈拉沙漠以南的非洲。要轉為較低生育率，得要一或兩個世代才能達成。聯合國二〇一四年發行的人口雙年報指出，即使人口下降為零成長，到二一〇〇年時世界總人口仍有百分之八十的或然率，會從二〇一四年的七十二億上升到九十六至一百二十三億之間。對一個人口已過於飽和的行星來說，這會是沉重的負擔，但只要全世界的女性轉而讓生育率低於二點一，在二十二世紀初人口下降的趨勢必可發生。而另一個看待人口問題的解決辦法，就是創造一個有利的人性環境，將計畫生育策略從 r- 策略轉成 K- 策略。

那麼，人均消費量又如何呢？難道消費額不會上升到能購破

壞任何大規模保育的決心嗎？當然可能的，如果生態足跡的組成仍像今日一般的話。但生態足跡並不會維持不變，而是會變動的；且不是你可能直覺認定的、我們將會占用越來越多的空間，而是會越少，其理由就在於自由市場體系的演變。自由市場越來越受到高科技而變動。今日勝出競爭的產品，會不鬆懈其領先的地位，走向製造費與廣告費較低廉、維修費與淘汰率較低的產品，及效能最高、耗能最低的產品。正如同天擇體系透過基因間的彼此競爭帶動生命的演化，產生更多複製的下一世代，同時單位成本又最低，這樣就提高了經濟演變生產的低投資與高收益比。除了軍事技術之外，自由市場下的所有競爭幾乎都會提升人類生活平均品質。電話會議、線上購物與交易、電子書私人圖書館、網際網路搜尋所有文獻與科學數據、線上診斷與醫療、設置LED（發光二極體）照明之室內立體花園、大大提高每公頃糧食產量的基因工程改造作物與微生物等科技、遠距商務會談與真人影像的社交來往，還有提供給世界上任何人、於任何時間、任何地點的線上免費最佳教育，全都極其重要。所有這些便利設施皆可完全取得，或是即將取得。上面提到的每一項都會讓每人平均用料與能源下降，並生產更多與較好的產物。同時，也會因此減少生態足跡的空間。

依此方式看待未來，我提供一個方法讓人可幾乎免費的享受世界上最佳的生命圈，這是我與其他博物學家共同找出來的。這件事的成本遠小於收益：只要有一千來具高解析攝影機（感謝進步神速的資訊技術革命，機身小而不顯眼）在生態保留區內全天候播放。遊客還是能親臨世界各地的這些保留區，但是他們也可

只待在家裡、學校、演講廳,簡單地按幾個鍵就虛擬實境到那裡旅行,且可零時差連續觀看。也許是塞倫蓋提黎明的一處水坑景象;亞瑪遜森林樹冠上日夜不休演出的生命戲碼;南極海岸淺灘的晝夏不停的影景;或攝影機鏡頭掃過的,印尼與新幾內亞三角區的壯麗珊瑚。觀看的同時,還可伴有專業物種鑑定與畫面短評。這場探險之旅將永遠在變化,而且保證安全。

淺白的講,生態足跡的縮小與生物多樣性保育的改善皆為要事,因為密集性經濟成長已逐漸加速、取代廣泛性經濟成長。廣泛性經濟成長盛行於整個二十世紀至今,其成長是靠增加資本、人力及更多土地開發來增加人均收入。密集性經濟成長則是靠改善設計,與在既有產品上注入研發高效能的新產品。這種經濟成長類型轉換的最佳指標例子是摩爾定律(Moore's Law),此定律以其發明者高登・摩爾(Gordon Moore)之名命名。摩爾是英特爾(Intel)公司的共同創始人,也正是全球保育運動的領導人。該定律指出微晶片電晶體的成本必會遞降,因為蝕刻在電腦微處理器定面積上的數量每兩年會增加一倍。這個定律在二〇〇二年到二〇一二年之間都依然成立:從每一美元的成本可生產二百六十萬個電晶體增加到每一美元可生產兩千萬個電晶體,之後增加率才穩定下來。

與二十一世紀經濟演變息息相關的一個結果,是世界觀從以「量」的財富轉型到以「質」的財富。因為「生態實在論」(ecological realism)使得質的財富可長可久。其中心思想是把整個地球視為一個生態系,認為地球該有其自然面貌,而不是我們希望變成的地球。在經濟穩定性與環境穩定性彼此息息相關的前

提下，兩者都要求得有自知之明，為生活品質而努力。此與物質
財富必可換得生活品質的前提不同：那只是庸俗的追求物質財富
之累積。

此種生態實在論的世界觀，也與英國皇家學會（Britain's
Royal Society）的〈人與我們的行星〉（*People and the Planet*）報告
書相互呼應。該報告書中的建議已為遍布全球的美國國家科學院
所推薦。

> 大多已開發與新興的經濟體，務必急迫降低其可持續性
> 的消費。這需要減量、或根本改變有害物料的消費量與
> 排放量，並採用可持續技術；同時，這與確保人類有可
> 持續的未來至關重要。當前，消費行為全都繫在經濟成
> 長的模式上。要改善人人的福祉，俾使人類興旺不衰，
> 得從當代的經濟措施轉向充分計價的自然資本。因此，
> 當前急需把經濟活動從物料與環境產出中脫鉤。

經濟轉型的途徑要偏向密集性，而減少廣泛性的經濟成長。
此途徑最先進的產品會增進個人能力，讓物料與能源的人均消耗
越來越少，而產量越來越多。此途徑可達到的成功環境結局，會
與支持人類世觀點的人所預見的全然相反。一旦達成，這些途徑
會減少世界的生態足跡，釋出的空間與資源可給予其他的生命，
而非一般認為的、在經濟成長中受到壓縮。整個生命圈與構成它
的一千萬個物種不會再被視為是商品，而是一些極為重要的——
一個不可思議、超乎人類所能想像、卻對人類長期存在至關緊要
的實體。

　　靠著創新與努力，我們會找到方法度過氣候變遷的危機，不
必求助於他人口中那些龐大又危險的地質工程措施。特別是，我
們不用再絕望——對前途末路的恐懼，不會逼迫人類清除大氣中
過量的二氧化碳，並設法把收集來的碳放回地底；或者採用其他
措施，在地表覆上硫酸鹽類化合物，反射一部分日輻射回到大
氣；更有甚者，雖然僅止於談論階段，添加石灰到海洋吸收大氣
中過量的二氧化碳。

　　在密集性經濟演進的帶領下，對生物多樣性的期望，可從生
物學、奈米技術及自動化機械的綜合中實現。其中有兩項進展中
的企業為人工生命與人工頭腦的生產，這兩項似乎注定會占據本
世紀科學與高科技的很大部分。恰巧，這些企業的上路也有助於
降低生態足跡，以較少的能源與資源提供較佳的生活品質。如此
導致企業創新未預料的後果，就可參與為子孫的地球生物多樣性
之保護。

　　人工生命形式的創造已為事實。二〇一〇年五月二十日，加
州的杰·克雷格·文特爾研究所（J. Craig Venter Institute）的研
究人員宣布第二次生命的誕生：這回是人造的而非神造的。他們
從無到有創造了活細胞。僅用藥品架上的簡單化學藥劑，他們組
合出一個蕈狀枝原體（*Mycoplasma mycoides*）細菌的整個基因編
碼，包括了一百零八萬對DNA鹼基的雙螺旋。在製造過程中，
他們稍微變造了編碼的定序，植入一句已故理論物理學家理查·
范因曼（Richard Feynman）的名言，「我不能創造我不懂的」，
其目的為在未來測試中能偵測出此變造母細胞的子細胞後代。他
們把這變造過的DNA植入一個移除過原有DNA的受體細胞。

新編碼過的細胞經過培養與繁殖後，就像一個自然的生命細胞。

研究者為此菌體取了一個十七世紀拉丁文的名字，以及一個恰當的機械人姓氏：*Mycoplasma mycoides* JCVI-syn I.O.。漢彌爾頓‧史密斯（Hamilton O. Smith）代表研究團隊寫道：有了此一合成菌體，及完成此計畫的新工具與新技術，「我們已有方法把一個細菌細胞中的一個基因指令組分開，並可觀察與瞭解該細胞真實的活動。」

事實上，此新技術的用途何只一樁。二〇一年有另個團隊，由約翰霍普金斯大學的傑夫‧博克（Jef Boeke）領導，他建造了酵母菌細胞的整條人工染色體。此一成就也代表了一項重大的突破：酵母菌細胞較細菌細胞更為複雜，因其具有像是染色體與粒腺體的細胞器。

教科書上所寫過去一萬年間的人工選育之例子，是將墨西哥類蜀黍（teosinte）育成玉蜀黍（玉米）。這植物是野生禾草，在墨西哥與中美洲有三個種族。在先祖時代所發現的這種糧食不過是一小束硬粒，經過數個世紀的選育後才成為現代的模樣。在進一步選種與廣泛的自交系品系間雜交、而有了「雜交優勢」後，今日的玉蜀黍已是數億人的主食了。

本世紀的頭十年已有雜交以外的事件發生，並啟動了基因改造的大階段——人工選擇，或甚至把一個生物體的基因直接植入另一個生物體。如果我們持續上半世紀的分子生物學發展趨向，並以此歷史為指引，則科學家會開始依例、無中生有的製造極多式樣的細胞，然後產出人工合成的組織、器官、最終是完整獨立及相當複雜的生物體。這個過程似已無可避免。

　　如果我們人類要長壽健康地活在夢寐以求的永存伊甸園，又想掙脫地球加在我們上的桎梏，搬到超乎想像的宇宙，以理性戰勝迷信，就得在生物學上取得長足進步。這個目標是做得到的，因為科學家之所以為科學家，就是因為肩負著一個堅守的使命：竭力虔心地盡己之力發現真相；必要時，傳承交棒世代相傳，但絕不罷休。對於製造生物體與生物體的某些部分，也創造了一個專有詞彙來形容它：合成生物學（synthetic biology）。合成生物學被看好會應用於醫藥與農業上，其潛在的利益是無限的。在促進以微生物為基礎的糧食與能源增產這點上，合成生物學也將扮演核心要角。

　　合成生物學的潛在力量也直接產生了一個令人困擾的問題：我們能造人嗎？若干熱狂人士深信有這麼一天會實現。如果科學家辦到了，即使只是身體的某大部分，這時我們竟接近諾貝爾物理學獎得主理查・范因曼的名言：建構是為了瞭解。但我們也因此必得去解決哲學上的終極問題：人類的意義何在？

　　走筆至此，不妨談一個歷史紀事。一個世紀前，人工智慧工程師與腦科學家採用不同的技術開始追求各自的目的。一直以來人工智慧的主要目的是裝置的創造，執行人的能力辦不到的事。而腦科學則較明確，其中心與最終目的是全腦仿真（whole brain emulation, WBE），模仿與建構一具人類等級的腦。如今這兩項努力已匯聚，有很多方面已合而為一了。人工智慧的技術已被證實對全腦仿真來說不可或缺，而觀察到的腦活動則可推動人工智慧的進展。

　　全腦仿真最大的挑戰是闡釋人的意識。神經生物學家幾乎皆

同意意識是一個具有細胞物理基礎的物質現象。因此之故，意識是所謂神經元工作空間的一部分，也因此可做試驗與製成圖像。全腦仿真的發展還處於初期，但是每跨前一步都較先一步跨得遠。若能維持目前的研究常軌與步調，全腦仿真可能會在本世紀內達成。當全腦仿真臻至高峰時，會是史上最偉大的成就之一。而全腦仿真的真正成就，在於其能建構出一個人工的自覺之腦，能沉思、有情緒、肯學習及想成長。

　　研究者受到這個目標或其他關鍵部分的吸引，並且會坦然面對其發現及其結局。最成功的科學家，會像探索處女之地的探險者。他們最關切的是創造紀錄，要成為第一位發現智慧之金、銀或石油的人。人人渴求這些，因此人人要捷足先登，後果則讓他人擔憂。等到生命的後期，他們會成為一群哲學家，再談擔憂之事。此時他們滿懷信心，認為人類終會有人工智慧為伴，而人工智慧懂得什麼是智慧，人工智慧可安全放置在能動的機器人身上。另一方面，社會大眾在好萊塢劇作家的影響下惴惴不安；身為仍處在宗教教條及迷信愚化之暴力文化下的公民，即使是受過良好教育的民眾，也無法明辨而相信任何事物。在人工智慧與全腦仿真的世界，他們預見的是一場可能的大災難。我們可以輕易想像人類級的機器人失控並製造混亂；阿凡達（avatars，像機器人的分身）聯合起來違抗創造他們的人類；人腦被下載置入電腦之中，（如「超人」般）統治那些選擇死亡的血肉之軀的人。這些神話經常出現在神乎其技的科幻片中，並產生推波助瀾的效果，例如：《太空漫遊》（*2001: A space odyssey*, 1968）、《星際戰爭》（*Star Wars*, 1977）、《魔鬼終結者》（*The Terminator*, 1984）、《機械公

敵》（*I, robot*, 2004）、《阿凡達（*Avatar*, 2009）、與《全面進化》（*Transcendence*, 2014），皆有賴其流暢的劇本與精湛的特效，娛樂效果亦是當中數一數二的。

科學家深知事情之來龍去脈。無論如何，我們都正逐步把腦科學列為生物學與人性的核心。人工智慧的機械運算速度不斷加快，其幅度也在躍升。依每秒每千美元硬體的運算為準，電腦的運算性能已從一九六○年每秒一萬分之一筆的運算（即每三小時做一運算）增加到每秒一百億筆的運算。所有現代化的文明，無論是已開發或開發中國家，都已進入數位革命的行列。這個效應是擋也擋不住的。數位革命勢將不停地越演越烈，且很快地會扎根到每個人的生活裡。舉一個數位革命對職業壽命造成衝擊之例子：依牛津大學的經濟學家卡爾・班尼迪克特・弗雷（Carl Benedikt Frey）與數學家麥克・奧斯邦（Michael A. Osborne）的估計，直至二○三○年之前，休閒治療師、運動員教練、牙醫、牧師、化學工程師、救火員、編輯等職業都較有保障，但第二級的機械師、祕書、房地產經紀人、會計師、稽核師與無線業務員等職業的風險則較高。

人工智慧技術日新月異，其應用亦多樣擴充；十年前認為是遙不可及的未來之事，如今已有數個機器人踏上火星。從攝影機裡，我們看機器人到繞過岩石、上下爬坡、量測地形、分析土壤與岩石的化學成分，並仔細尋找生命的跡象。二○一四年，日本製的一具機器人SCHAFT贏得「國際DARPA機器人挑戰賽」，靠的是那具機器人會穿門越徑、走過滿地殘骸的地面、用動力工具挖牆鑿洞、連接消火水管、在蜿蜒路徑駕駛一輛小汽車等本

事。* 先進的電腦自身能重複試測，亦能自學與修正。有一具機器人的程式設計可訓練辨識貓影像的能力。另一具的程式擁有彷彿小男孩水準的智商，能以口語通過圖靈測試〔Turing Test，「圖靈」一詞是紀念電腦理論先驅者艾倫・圖靈（Alan Turing）〕：當時一組專家中，有三分之一與它對話了五分鐘，卻未辨認出對方是機器。

一九七六年，肯尼斯・阿佩爾（Kenneth I. Appel）與沃爾夫岡・哈肯（Wolfgang Haken）用早期電腦做了一百億次運算，以證明古典的四色地圖理論（即證明不需用四種顏色便可做出所有的二維地圖，可區分二維國家或其他區塊）。這是傳統分析法做不到的事，此舉亦開創了一部分的數學。至少他們部分證實了愛因斯坦說的那句話：「上帝不為我們那些數學難題而費心，上帝依經驗式求出積分。」換句話說，凡是可計數的，上帝皆採計數法。我們對天生人腦裡數千億神經元的某些未知之處，或許也可依此去理解？

在數位革命的草創時期，創新者只管電腦的機械設計而未理會人腦，就像是最原始的航空工程師用力學原理與直覺來設計飛機，而未曾效仿鳥類的飛翔。這類做法純屬常見的不求甚解。電腦技術或腦神經科學家皆不夠先進，無法從實際出發及未與生命活體掛上鉤。隨著這兩個領域快速的成長，將自然的（人腦）與人造的（電腦）的過程作類比甚至一對一作比較，電腦運算速度

---

* 譯按：DARPA 是（Defense Advanced Research Project Agency（國防高等研究規劃署）的縮寫。

成倍數加快。電腦科技與腦科學的結合誕生了全腦仿真，成為科學的終極目標之一。

　　腦科學家對腦波與其迴路過程是否具有相當的瞭解，並將之轉譯為人工智慧的程式呢？人工智慧大體是工程業，為問題而尋求其答案；全腦仿真則專注腦與思維的中心議題。這兩個領域各取其徑。儘管如此，這兩者其實是可完全交互緊密結合的。史丹佛大學丹尼爾‧埃斯（Daniel Eth）的團隊利用一具電腦仿真人類的全腦，在電腦內納入人的思想、感情、記憶與技能，這是真真實實的模擬。他們確認了四個不可或缺的科技：首先，掃描完整的腦細胞結構；次之，轉譯掃描結果為模式；再之，用電腦演算這個模式；最後，模擬人體與對身邊環境產生的感覺。埃斯團隊及其他科學家相信，所有這些科枝都可在本世紀末前實踐。

　　這些把精力放在電腦發展上的「神經形態工程師」已預見，成功地發展具人腦特徵的電腦是可能的。根據德國海德堡大學卡爾海因茨‧邁爾（Karlheinz Meier）的說法，有三大問題必須先解決，才能成功的使用「逆向工程學」（reverse engineering）。第一個問題是：目前超級的仿真電腦需要數百萬瓦特的電力，而人腦只需要約二十瓦特。另一個瓶頸是：電腦還不能有（即使是很小的）錯誤。一個晶體管出了事即可毀壞一個微處理器，反之人腦可應付神經元經常性的損耗。最後的問題是：人腦在環境經驗與極為複雜的孩童發育期能有學習與瞬時應變的能力，但是電腦必須依循預設的固定路徑與分徑流程的演算法。

　　事實上，全腦仿真的建構者面對的困難，比工程設計內含的傳統困難更為嚴峻。最明顯的是人腦並非工程學的產物，而是演

化形成的。人腦是一個有什麼可供應的零件、便即時拼裝成什麼的產品，由過往各段演化期間的成果所構成，適應當時環境的天擇過程。歷經四億五千萬年的脊椎動物演化史，加上之前的無脊椎祖先階段，人腦器官的演化不是為了要思考，而是為了求生。自一開始，人腦即依程式設定推動呼吸與心跳的自動控制，依感覺與活動控制反射。人腦自始即為天生本能的運作中心之所在。這些中心處理適當的刺激（即動物行為學的「信號刺激」（sign stimuli）啟動天性本能（即「消費行為」（consummatory acts）。

　　歷經兩棲類、爬行類、哺乳類等動物的自然譜系而臻人類祖先，其間腦的每一部分皆沿中性演化路徑上前行，一再受制於天擇作用而改變路徑，並適應其生活之環境。逐步地，從古生代的兩棲類到中生代的靈長類，古老的腦中心逐步強化其能力，增強腦皮質並提高學習力。對特定環境的適應力，是靠演化出本能反應各種輪番上演的短劇，再將天性擴充到能改變環境的適應力。在一切條件沒有大差異下，生物體要具備能力生存於四季變動與棲地相異的環境，在不懈掙扎邊緣圖生存與求繁殖。

　　神經生物學家發現，人腦內密布著許多不能自主的非意識活躍中心，並與理性思考的活動並存。那些看似隨意分布在我們腦皮質的是許多中心司令部，各中心負責處理數字、戒備預警、表情辨識、含義、閱讀、辨聲、恐懼、價值，及失誤發現等項目。司令部的決策先來自於非意識的非理性抉擇，隨之才是有意識的理解。即使是簡單的身軀活動，決策仍可在未知覺的狀況下進行。早在一九○二年，法國數學家亨利‧龐加萊（Henri Poincaré）就以清晰又優美的文字，如此描述過決策的過程：

不論從任何方面說，自我潛意識都不劣於自我意識；潛
意識並非單純的自動反應；它具有辨識力、會深思、又
精密；它深知抉擇與可預見。我說清楚了嗎？自我潛意
識比自我意識更會預測，更能戰勝挫折。換言之，自我
潛意識豈非優於自我意識乎？

演化的下一步是意識（知覺）的發生。腦科學對意識一無所
知，但是他們正理解其功能，也已成為腦科學的新領域。法國科
學院（Collège de France）的理論學大師史坦尼斯拉斯‧德阿納
（Stanislas Dehaene）於二〇一四年重續龐加萊的思路，寫下：

事實上，意識能推動若干特定的運作，這件事靠無意識
是辦不到的。潛意識的信息難以捉摸，意識的信息則是
明確的，當我們需要時即可隨時取得此信息。意識也可
精簡收到的信息，將大量感受到的數據摘要成一組慎選
過的少量符號。如此得到的抽樣信息可依既定方式送到
另一個處理階段，我們便能執行完全控制一系列的處
理，有如串行電腦（a serial computers）。這種意識的傳
送散布功能甚為重要。以人類為例，靠語言散播所強化
的意識，使我們得以把意識想法傳播到社群網絡內。

那麼，腦科學與生物多樣性又有何關係？隨著人類對未來的
重點越來越清晰——這些未來的重點包括智慧源頭的通道——此
時（早就該做）正是時機，去仔細探索我們對於其他生命的道德
論據。人性演化的路徑是曲折的，是在基因性狀不斷變動下的綜

合結果。對於所有數百萬年前到此一人類世的第十一小時開始之際，我們這些智人並未干預生命圈，而是讓生命圈自然地持續演化。然後，我們依著懵懂的本能，用刀與火，在非理性的指使下改變了世界全貌。

這場生物多樣性保育的殘局正要在二十一世紀落幕。數位科技爆發式的成長，改變了我們所有的生活方式及身為人類的自知之明，並已使「生奈機」（bnr）產業（b 即生物學、n 即奈米科技、r 即機器人工程學）成為現代經濟的龍頭。這三項產業既有協助，亦有摧毀生物多樣性的潛力。我深信這三項產業可發揮正面協助的功能，只要做到以下幾點：經濟不靠石化燃料為能源，換成清淨與可持續的能源；從根本上改善農業經營，栽植新作物種類與改善栽培系統；縮短旅行距離或降低旅行渴求。這幾點也是數位革命的主要目標。且如此一來生態足跡也會縮小，平均每人可享受更長壽、較健康的高品質生命，使用較少能源，及索取較少的陸地與海洋原料。如果我們運氣夠好（智慧夠高），世界人口將在本世紀末或不久後達到略多於百億人的高峰。其後世界人口不但會下降，而且生態足跡也可能會出乎意料的快速縮減。理由是，我們是會思考的生物體，試圖瞭解這世界是如何運作。我們將會從大夢中蘇醒。

在此同時，數位科技也不約而同地促成完整的全球生物多樣性調查，並以其決定組成地球數百萬種的動物與植物狀況。此事早已在執行中，雖然進展還嫌太慢，但在二十三世紀應可完成。我們與其他的生命共同擠在「人口增加、資源短縮、與物種消逝」的瓶頸中。身居掌管生活環境大位的我們，得深思在這場與

時間的競賽中，要拯救這個生命的世界。這個義不容辭的大目標是盡可能攜帶更多的其他生命安然擠過這個瓶頸，在一處較好、更安全的地方過生活。如果全球生物多樣性有其生存的空間及更安全的保障，大部分的現今瀕危物種將能夠自行存續。

更甚者，合成生物學、人工智慧、全腦仿真等等以數學為本的科學領域，皆可用來創造一個真正的、具預測性的生態學。此時，我們探索物種間的相互關係之積極態度，會有如我們追求身體健康與長命百壽的態度。大家總以為人腦是我們所知宇宙中最複雜的系統。這是不正確的。最複雜的應是組成地球上生命物種層級的生物多樣性內每一個單獨的自然生態系，以及總合的整體生態系。每種植物、動物、真菌及微生物的行為，都在複雜的決策裝置下執行。每種生物內部都有精密的程式，依其特定的方式一絲不苟地執行各自的生命周期。生命程式指示各物種何時生長、何時交配、何時散播、何時驅敵避凶。即使是活在我們腸道細菌樂園裡的大腸菌單細胞，也會用尾端纖毛游向食物與避開毒素，靠微小體內的化學偵測分子作出反應。

生物體內的腦與決策裝置是如何演化的，是如何與生態系發生互動（不論是緊密或鬆散的互動）的，這些皆為生物學尚未探索的廣大領域，甚至是那些終身投入研究的生物學家未曾夢想到的領域。神經科學、大數據理論、電腦與電腦的互通軟硬體、虛擬實境的機器人、及其他同等級的科技等等有關的分析技術，均可應用在生物多樣性的研究上。這些皆為生態學的同門科學。

現在要擴大討論人類的未來與殘存的其他生命，其實為時有點晚了。矽谷科學園區有一群異想天開的人，他們致力於數位化

人類，但至今仍未做成，夢還沒有成真。他們失敗的原由，是彼等的腦海裡根本沒有生命圈的想法。人類的條件改變得如此快速，我們正以比起過往更快速的步調喪失、或貶損數百萬個物種至無用之境，而它們是不需我們便可無償推動世界的生物。如果人類毅然決然地以自戕方式去改變全球氣候、消滅生態系、耗盡地球的自然資源，我們這群物種會很快察覺自身得在懸崖絕境中做出抉擇，而這次得用到腦的意識清醒部分。抉擇是這樣的：我們是否應為現實的保育者，本著基因為本的人性，降低不利人類與生命圈內其他生命的胡亂作為？抑或是，我們要善用我們的新科技，適應只對我們自己物種有利的大改變，同時讓其餘的生命逐漸消逝呢？我們的取捨正迫在眉睫。

墨西哥箱龜（*Cistudo mexicana*）。
《倫敦動物學會會誌》, 1848-1860。

21

停止傷害生命圈

在一個生物科技與理性思維皆突飛猛進的世界，展望建成神聖的保留區為一個全球網絡，其總面積為整個地球表面的一半，全屬合理之舉。然而，百姓與其自私的政治領袖願意把一半的地球資源與其它生命共享嗎？大家總是說，「利他行為」的首要原則是絕不預期別人會犧牲他自己的利益。鑑於人腦的演化方式，保護離自身遙遠的環境誠非易事，特別是若還要冒個人的風險或犧牲（即使只是一點點）。照這邏輯推演，真正的利他主義只侷限於家庭、部族、種族或國家範圍內，這是因為對他者的付出讓我們的基因間接受益。一般認為上帝偏愛信創世故事的信徒超過所有信奉其他類似故事的信徒。一個愛國者會認為他所處的社會之道德教誨是世界上最好的。奧林匹克運動播放的國歌是為優勝選手而奏，而非歌頌人類體能的成就。

即使自私自利的行為主導人類舉止，也非靠個人單獨完成的。真正的利他行為確有天性成分在內。當人擁有某種權力，利他主義的想法很容易進到腦的決策中心，因此可負起達成利他的目標。產生利他行為的演化力是靠「群體擇汰」（group selection），此與「個體擇汰」（individual selection）是兩碼子事。群體擇汰的演化過程的重點為：**如果對群體內其他成員有利的行為可導致群體的成功，利他者的血脈與基因所獲得的利益，可能大於他個人的利他行為所造成的基因損失。**

達爾文是首創此概念的人，他曾困惑利他行為的道理（況且當時他還沒有基因的概念），但他還是清楚地寫在《人類的世系》（*The descent of Man*）一書裡：

> 我們要切記，要求個人與他的子女擁有高的道德標準，即使這使得他們能獲得的利益與其他族人相較下極少或根本沒有，但如此一來，道德標準卻會因而提升，過了一段時間後受益部族的人口會增加，此時對自身部族的利益顯然就會高於對其他的部族的利益。無可置疑地，一個部落要是有許多膺服愛國主義、忠貞不二、服從命令、膽識英勇、富同情心的族人，部族內患難與共，能為公眾利益犧牲自我，如此當然可屈服大多數其他的部族，這就是自然擇汰（天擇）。世界各地經常有部落之間取代對方；道德觀是其能成功的一個要素，道德標準與充分獲益的族人必會崛起而使人口增殖，此現象四處皆然。

許多擇汰（個人擇汰與群體擇汰）概念歷經無數次的去蕪存菁，經過理論的精萃與試驗的驗證，便可應用到部分的社會演化，適用於族內無親緣關係的成員，甚至也適用於其他物種。如同我與其他研究者早先的著作裡所言的「親生命」（biophilia）現

象，即人類天生有親近生命的起源趨向，此親生命說法也適用於自然世界，換言之亦適用於人類祖先所處的環境。

這個行星上的生命世界正陷於絕境，所有層級＊的生命多樣性都在急速消減。人類的各項經濟措施雖能提供協助，卻不能拯救這個生命世界的生態服務與潛在產品。同樣地，上帝聖潔的認知也無能為力：傳統宗教的核心在於追求人類現世或來生的救贖，其遠遠超過所有其他可以想見的目的。

唯有在道德論據上大舉挪移，對其他的生命負有更大的承擔義務，才能因應此一世紀的最大挑戰。原野大地是我們誕生的原鄉，是我們文明的奠基，是供應我們糧食、大部分住宅、交通工具的原料。我們的神祇居住在原野大地裡。生活在原野大地的自然裡，是地球上人類的天賦人權。我們曾與數百萬物種在原野大地裡共同生活，現在卻不斷地威脅它們，而彼等皆為生命演化史上的親緣。它們的漫長歷史也是我們的漫長歷史。不管我們如何昧著良心與憑空亂想，我們原本是、且未來也還是一個生物種，被緊緊繫在這個特定的生命世界裡。數百萬年的演化已深深烙印在我們的基因裡。沒有原野大地的歷史根本稱不上是歷史。

我們必得永遠銘記在心，人類物種繼承的美麗世界是生命圈花了三十八億年的時間建構而成的。生命圈內所有物種的神祕精奧，我們已知的只是冰山一角；所有物種協力共處形成的永續性制衡的方式，我們也是到最近才開始有所瞭解。由不得我們，也不論我們要或不要，我們是這個生命世界的腦與手。我們的終極

＊　譯按：指基因、物種、生態系等三層級。

未來，全靠我們對生命圈的理解。我們已挨過漫長的野蠻路途而生存下來，如今，我深信我們已有足夠的知識遵行一種超越的道德律，並關照所有的其他生命。只要簡單地開口說一句：「不再傷害生命圈。」

延伸閱讀

Prologue

A bibliographic note: I first presented the basic argument for such a massively expanded reserve in *The Future of Life* (2002) and *A Window on Eternity: A Biologist's Walk Through Gorongosa National Park* (2014). The term "Half-Earth" was suggested for this concept by Tony Hiss in the article "Can the World Really Set Aside Half the Planet for Wildlife?" (*Smithsonian* 45(5): 66–78, 2014).

1 The World Ends, Twice

Brown, L. 2011. *World on the Edge* (New York: W. W. Norton).

Chivian, D., et al. 2008. Environmental genetics reveals a single-species ecosystem deep within Earth. *Science* 322(5899): 275–278.

Christner, B. C., et al. 2014. A microbial ecosystem beneath the West Antarctic ice sheet. *Nature* 512(7514): 310–317.

Crist, E. 2013. On the poverty of our nomenclature. *Environmental Humanities* 3: 129–147.

Emmott, S. 2013. *Ten Billion* (New York: Random House).

Kolbert, E. 2014. *The Sixth Extinction* (New York: Henry Holt).

Priscu, J. C., and K. P. Hand. 2012. Microbial habitability of icy worlds. *Microbe* 7(4): 167–172.

Weisman, A. 2013. *Countdown: Our Last, Best Hope for a Future on Earth?* (New York: Little, Brown).

Wuerthner, G., E. Crist, and T. Butler, eds. 2015. *Protecting the Wild: Parks and Wilderness, the Foundation for Conservation* (Washington, DC: Island Press).

2 Humanity Needs a Biosphere

Boersma, P. D., S. H. Reichard, and A. N. Van Buren, eds. 2006. *Invasive Species in the Pacific Northwest* (Seattle: University of Washington Press).

Murcia, C., et al. 2014. A critique of the "novel ecosystem" concept. *Trends in Ecology and Evolution* 29(10): 548–553.

Pearson, A. 2008. Who lives in the sea floor? *Nature* 454(7207): 952–953.

Sax, D. F., J. J. Stachowicz, and S. D. Gaines, eds. 2005. *Species Invasions: Insights into Ecology, Evolution, and Biogeography* (Sunderland, MA: Sinauer Associates).

Simberloff, D. 2013. *Invasive species: What Everyone Needs to Know* (New York: Oxford University Press).

Tudge, C. 2000. *The Variety of Life: A Survey and a Celebration of All the Creatures That Have Ever Lived* (New York: Oxford University Press).

White, P. J., R. A. Garrott, and G. E. Plumb. 2013. *Yellowstone's Wildlife in Transition* (Cambridge, MA: Harvard University Press).

Wilson, E. O. 1993. *The Diversity of Life: College Edition* (New York: W. W. Norton)

Wilson, E. O. 2002. *The Future of Life* (New York: Alfred A. Knopf)

Wilson, E. O. 2006. *The Creation: An Appeal to Save Life on Earth* (New York: W. W. Norton).

Womack, A. M., B. J. M. Bohannan, and J. L. Green. 2010. Biodiversity and biogeography of the atmosphere. *Philosophical Transactions of the Royal Society of London B* 365: 3645–3653.

Woodworth, P. 2013. *Our Once and Future Planet: Restoring the World in the Climate Change Century* (Chicago: University of Chicago Press).

3 How Much Biodiversity Survives Today?

Baillie, J. E. M. 2010. *Evolution Lost: Status and Trends of the World's Vertebrates* (London: Zoological Society of London).

Bruns, T. 2006. A kingdom revised. *Nature* 443(7113): 758.

Chapman, R. D. 2009. *Numbers of Living Species in Australia and the World* (Canberra, Australia: Department of the Environment, Water, Heritage, and the Arts).

Magurran, A., and M. Dornelas, eds. 2010. Introduction: Biological diversity in a changing world. *Philosophical Transactions of the Royal Society of London B* 365: 3591–3778.

Pereira, H. M., et al., 2013. Essential biodiversity variables. *Science* 339(6117): 278–279.

Schoss, P. D., and J. Handelsman. 2004. Status of the microbial census. *Microbiology and Molecular Biology Reviews* 68(4): 686–691.

Strain, D. 2011. 8.7 million: A new estimate for all the complex species on Earth. *Science* 333(6046): 1083.

Tudge, C. 2000. *The Variety of Life: A Survey and a Celebration of All the Creatures That Have Ever Lived* (New York: Oxford University Press).

Wilson, E. O. 1993. *The Diversity of Life: College Edition* (New York: W. W. Norton).

Wilson, E. O. 2013. Beware the age of loneliness. *The Economist "The World in 2014,"* p. 143.

4 An Elegy for the Rhinos

Platt, J. R. 2015. How the western black rhino went extinct. *Scientific American Blog Network*, January 17, 2015.

Roth, T. 2004. A rhino named "Emi." *Wildlife Explorer* (Cincinnati Zoo & Botanical Gardens), Sept/Oct: 4-9.

Martin, D. 2014. Ian Player is Dead at 87; helped to save rhinos. *New York Times*, December 5, p. B15.

5 Apocalypses Now

Laurance, W. F. 2013. The race to name Earth's species. *Science* 339(6125): 1275.

Sax, D. F., and S. D. Gaines. 2008. Species invasions and extinction: The future of native biodiversity on islands. *Proceedings of the National Academy of Sciences U.S.A.* 105(suppl. 1): 1490–1497.

6 Are We as Gods?

Brand, S. 1968. "We are as gods and might as well get good at it." In *Whole Earth Catalog* (Published by Stewart Brand).

Brand, S. 2009. "We are as gods and HAVE to get good at it." In *Whole Earth Discipline: An Ecopragmatist Manifesto* (New York: Viking).

7 Why Extinction Is Accelerating

Laurance, W. F. 2013. The race to name Earth's species. *Science* 339(6125): 1275.

Hoffman, M., et al. 2010. The impact of conservation on the status of the world's vertebrates. *Science* 330(6010): 1503–1509.

Sax, D. F., and S. D. Gaines. 2008. Species invasions and extinction: The future of native biodiversity on islands. *Proceedings of the National Academy of Sciences U.S.A.* 105(suppl. 1): 1490–1497.

8 The Impact of Climate Change: Land, Sea, and Air

Banks-Leite, C., et al. 2012. Unraveling the drivers of community dissimilarity and species extinction in fragmented landscapes. *Ecology* 93(12): 2560–2569.

Botkin, D. B., et al. 2007. Forecasting the effects of global warming on biodiversity. *BioScience* 57(3): 227–236.

Burkhead, N. M. 2012. Extinction rates in North American freshwater fishes, 1900–2010. *BioScience* 62(9): 798–808.

Carpenter, K. E., et al. 2008. One-third of reef-building corals face elevated extinction risk from climate change and local impacts. *Science* 321(5888): 560–563.

Cicerone, R. J. 2006. *Finding Climate Change and Being Useful*. Sixth annual John H. Chafee Memorial Lecture (Washington, DC: National Council for Science and the Environment).

Culver, S. J., and P. F. Rawson, eds. 2000. *Biotic Response to Global Change: The Last 145 Million Years* (New York: Cambridge University Press).

De Vos, J. M., et al. 2014. Estimating the normal background rate of species extinction. *Conservation Biology* 29(2): 452–462.

Duncan, R. P., A. G. Boyer, and T. M. Blackburn. 2013. Magnitude and variation of prehistoric bird extinctions in the Pacific. *Proceedings of the National Academy of Sciences U.S.A.* 110(16): 6436–6441.

Dybas, C. L. 2005. Dead zones spreading in world oceans. *BioScience* 55(7): 552–557.

Erwin, D. H. 2008. Extinction as the loss of evolutionary history. *Proceedings of the National Academy of Sciences U.S.A.* 105(suppl. 1): 11520–11527.

Estes, J. A., et al. 2011. Trophic downgrading of planet Earth. *Science* 333(6040): 301–306.

Gillis, J. 2014. 3.6 degrees of uncertainty. *New York Times*, December 16, 2014, p. D3.

Hawks, J. 2012. Longer time scale for human evolution. *Proceedings of the National Academy of Sciences U.S.A.* 109(39): 15531–15532.

Herrero, M., and P. K. Thornton. 2013. Livestock and global change: Emerging issues for sustainable food systems. *Proceedings of the National Academy of Sciences U.S.A.* 110(52): 20878–20881.

Jackson, J. B. C. 2008. Ecological extinction in the brave new ocean. *Proceedings of the National Academy of Sciences U.S.A.* 105(suppl. 1): 11458–11465.

Jeschke, J. M., and D. L. Strayer. 2005. Invasion success of vertebrates in Europe and North America. *Proceedings of the National Academy of Sciences U.S.A.* 102(20): 7198–7202.

Laurance, W. F., et al. 2006. Rapid decay of tree-community composition in Amazonian forest fragments. *Proceedings of the National Academy of Sciences U.S.A.* 103(50): 19010–19014.

LoGuidice, K. 2006. Toward a synthetic view of extinction: A history lesson from a North American rodent. *BioScience* 56(8): 687–693.

Lovejoy, T. E., and L. Hannah, eds. 2005. *Climate Change and Biodiversity* (New Haven, CT: Yale University Press).

Mayhew, P. J., G. B. Jenkins, and T. G. Benton. 2008. A long-term association between global temperature and biodiversity, origination and extinction in the fossil record. *Proceedings of the Royal Society of London B* 275: 47–53.

McCauley, D. J., et al. 2015. Marine defaunation: Animal loss in the global ocean. *Science* 347(6219): 247–254.

Millennium Ecosystems Assessment. 2005. *Ecosystems and Human Well Being, Synthesis.* Summary for Decision Makers, 24 pp.

Pimm, S. L., et al. 2014. The biodiversity of species and their rates of extinction, distribution, and protection. *Science* 344(6187): 1246752-1–10 (doi:10.1126/science.1246752).

Pimm, S. L., and T. Brooks. 2013. Conservation: Forest fragments, facts, and fallacies. *Current Biology* 23: R1098, 4 pp.

Stuart, S. N., et al. 2004. Status and trends of amphibian declines and extinctions worldwide. *Science* 306(5702): 1783–1786.

The Economist. 2014. Deep water. February 22.

Thomas, C. D. 2013. Local diversity stays about the same, regional diversity increases, and global diversity declines. *Proceedings of the National Academy of Sciences U.S.A.* 110(48): 19187–19188.

Urban, M. C. 2015. Accelerating extinction risk from climate change. *Science* 348(6234): 571–573.

Vellend, M., et al. 2013. Global meta-analysis reveals no net change in local-scale plant biodiversity over time. *Proceedings of the National Academy of Sciences U.S.A.* 110(48): 19456–19459.

Wagg, C., et al. 2014. Soil biodiversity and soil community composition determine ecosystem multifunctionality. *Proceedings of the National Academy of Sciences U.S.A.* 111(14): 5266–5270.

9 The Most Dangerous Worldview

Crist, E. 2013. On the poverty of our nomenclature. *Environmental Humanities* 3: 129–147.

Ellis, E. 2009. Stop trying to save the planet. *Wired*, May 6.

Kolata, G. 2013. You're extinct? Scientists have gleam in eye. *New York Times*, March 19.

Kumar, S. 2012. Extinction need not be forever. *Nature* 492(7427): 9.

Marris, E. 2011. *Rambunctious Garden: Saving Nature in a Post-Wild World* (New York: Bloomsbury).

Revkin, A. C. 2012. Peter Kareiva, an inconvenient environmentalist. *New York Times*, April 3.

Rich, N. 2014. The mammoth cometh. *New York Times Magazine*, February 27.

Thomas, C. D. 2013. The Anthropocene could raise biological diversity. *Nature* 502(7469): 7.

Murcia, C., et al. 2014. A critique of the "novel ecosystem" concept. *Trends in Ecology and Evolution* 29(10): 548–553.

Voosen, P. 2012. Myth-busting scientist pushes greens past reliance on "horror stories." *Greenwire*, April 3.

Wuerthner, G., E. Crist, and T. Butler, eds. 2015. *Protecting the Wild: Parks and Wilderness, the Foundation for Conservation* (Washington, DC: Island Press).

Zimmer, C. 2013. Bringing them back to life. *National Geographic* 223(4): 28–33, 35–41.

10 Conservation Science

Balmford, A. 2012. *Wild Hope: On the Front Lines of Conservation Success* (Chicago: University of Chicago Press).

Cadotte, M. C., B. J. Cardinale, and T. H. Oakley. 2008. Evolutionary history predicts the ecological impacts of species extinction. *Proceedings of the National Academy of Sciences U.S.A.* 105(44): 17012–17017.

Discover Life in America (DLIA). 2012. Fifteen Years of Discovery. Report of DLIA, Great Smoky Mountains National Park.

Hoffmann, M., et al. 2010. The impact of conservation on the status of the world's vertebrates. *Science* 330(6010): 1503–1509.

Jeschke, J. M., and D. L. Strayer. 2005. Invasion success of vertebrates in Europe and North America. *Proceedings of the National Academy of Sciences U.S.A.* 102(20): 7198–7202.

Reebs, S. 2005. Report card. *Natural History* 114(5): 14. [The Endangered Species Act of 1973.]

Rodrigues, A. S. L. 2006. Are global conservation efforts successful? *Science* 313(5790): 1051–1052.

Schipper, J., et al. 2008. The status of the world's land and marine mammals: diversity, threat, and knowledge. *Science* 322(5899): 225–230.

Stone, R. 2007. Paradise lost, then regained. *Science* 317(5835): 193.

Taylor, M. F. J., K. F. Suckling, and J. J. Rachlinski. 2005. The effectiveness of the Endangered Species Act: A quantitative analysis. *BioScience* 55(4): 360–367.

11 The Lord God Species

Hoose, P. M. 2004. *The Race to Save the Lord God Bird* (New York: Farrar, Straus and Giroux).

12 The Unknown Webs of Life

Dejean, A., et al. 2010. Arboreal ants use the "Velcro® principle" to capture very large prey. *PLoS One* 5(6): e11331.

Dell, H. 2006. To catch a bee. *Nature* 443(7108): 158.

Hoover, K., et al. 2011. A gene for an extended phenotype. *Science* 333(6048): 1401. [Gypsy moth.]

Hughes, B. B., et al. 2013. Recovery of a top predator mediates negative eutrophic affects on seagrass. *Proceedings of the National Academy of Sciences U.S.A.* 110(38): 15313–15318.

Milius, S. 2005. Proxy vampire: Spider eats blood by catching mosquitoes. *Science News* 168(16): 246.

Montoya, J. M., S. L. Pimm, and R. V. Solé. 2006. Ecological networks and their fragility. *Nature* 442(7100): 259–264.

Moore, P. D. 2005. The roots of stability. *Science* 4437(13): 959–961.

Mora, E., et al. 2011. How many species are there on Earth and in the ocean? *PLoS Biology* 9: e1001127.

Palfrey, J., and U. Gasser. 2012. *Interop: The Promise and Perils of Highly Interconnected Systems* (New York: Basic Books).

Seenivasan, R., et al. 2013. *Picomonas judraskela* gen. et sp. nov.: The first identified member of the Picozoa phylum nov., a widespread group of picoeukaryotes, formerly known as 'picobiliphytes.' *PLoS One* 8(3): e59565.

Ward, D. M. 2006. A macrobiological perspective on microbial species. *Perspective* 1: 269–278.

13 The Wholly Different Aqueous World

Ash, C., J. Foley, and E. Pennisi. 2008. Lost in microbial space. *Science* 320(5879): 1027.

Chang, L., M. Bears, and A. Smith. 2011. Life on the high seas—the bug Darwin never saw. *Antenna* 35(1): 36–42.

Gibbons, S. M., et al. 2013. Evidence for a persistent microbial seed bank throughout the global ocean. *Proceedings of the National Academy of Sciences U.S.A.* 110(12): 4651–4655.

McCauley, D. J., et al. 2015. Marine defaunation: Animal loss in the global ocean. *Science* 347(6219): 247–254.

McKenna, P. 2006. Woods Hole researcher discovers oceans of life. *Boston Globe*, August 7.

Pearson, A. 2008. Who lives in the sea floor? *Nature* 454(7207): 952–953.

Roussel, E. G., et al. 2008. Extending the sub-sea-floor biosphere. *Science* 320(5879): 1046.

14 The Invisible Empire

Ash, C., J. Foley, and E. Pennisi. 2008. Lost in microbial space. *Science* 320(5879): 1027.

Bouman, H. A., et al. 2006. Oceanographic basis of the global surface distribution of *Prochlorococcus* ecotypes. *Science* 312(5775): 918–921.

Burnett, R. M. 2006. More barrels from the viral tree of life. *Proceedings of the National Academy of Sciences U.S.A.* 103(1): 3–4.

Chivian, D., et al. 2008. Environmental genomics reveals a single-species ecosystem deep within Earth. *Science* 322(5899): 275–278.

Christner, B. C., et al. 2014. A microbial ecosystem beneath the West Antarctic ice sheet. *Nature* 512(7514): 310–317.

DeMaere, M. Z., et al. 2013. High level of intergene exchange shapes the evolution of holoarchaea in an isolated Antarctic lake. *Proceedings of the National Academy of Sciences U.S.A.* 110(42): 16939–16944.

Fierer, N., and R. B. Jackson. 2006. The diversity and biogeography of soil bacterial communities. *Proceedings of the National Academy of Sciences U.S.A.* 103(3): 626–631.

Hugoni, M., et al. 2013. Structure of the rare archaeal biosphere and season dynamics of active ecotypes in surface coastal waters. *Proceedings of the National Academy of Sciences U.S.A.* 110(15): 6004–6009.

Johnson, Z. I., et al. 2006. Niche partitioning among *Prochlorococcus* ecotypes along ocean-scale environmental gradients. *Science* 311(5768): 1737–1740.

Milius, S. 2004. Gutless wonder: new symbiosis lets worm feed on whale bones. *Science News* 166(5): 68–69.

Pearson, A. 2008. Who lives in the sea floor? *Nature* 454(7207): 952–953.

Seenivasan, R., et al. 2013. *Picomonas judraskela* gen. et sp. nov.: the first identified member of the Picozoa phylum nov. *PLoS One* 8(3): e59565.

Shaw, J. 2007. The undiscovered planet. *Harvard Magazine* 110(2): 44–53.

Zhao, Y., et al. 2013. Abundant SAR11 viruses in the ocean. *Nature* 494(7437): 357–360.

15 The Best Places in the Biosphere

The selections described in this chapter are subjective assessments by myself and those chosen at my request by eighteen senior conservation biologists based on extensive field experience. The biologists were: Leeanne Alonso, Stefan Cover, Sylvia Earle, Brian Fisher, Adrian Forsyth, Robert George, Harry Greene, Thomas Lovejoy, Margaret (Meg) Lowman, David Maddison, Bruce Means, Russ Mittermeier, Mark Moffett, Piotr Naskrecki, Stuart Pimm, Ghillean Prance, Peter Raven, and Diana Wall.

16 History Redefined

Tewksbury, J. J., et al. 2014. Natural history's place in science and society. *BioScience* 64(4): 300–310.

Wilson, E. O. 2012. *The Social Conquest of Earth* (New York: W. W. Norton).

Wilson, E. O. 2014. *The Meaning of Human Existence* (New York: W. W. Norton).

17 The Awakening

Andersen, D. 2014. Letter dated August 12, quoted with permission.

Millennium Ecosystems Assessment. 2005. *Ecosystems and Human Well Being, Synthesis.* Summary for Decision Makers, 24 pp.

Running, S. W. 2012. A measurable planetary boundary for the biosphere. *Science* 337(6101): 1458–1459.

18 Restoration

Finch, W., et al. 2012. *Longleaf, Far as the Eye Can See* (Chapel Hill, NC: University of North Carolina Press).

Hiss, T. 2014. Can the world really set aside half the planet for wildlife? *Smithsonian* 45(5): 66–78.

Hughes, B. B., et al. 2013. Recovery of a top predator mediates negative trophic effects on seagrass. *Proceedings of the National Academy of Sciences U.S.A.* 110(38): 15313–15318.

Krajick, K. 2005. Winning the war against island invaders. *Science* 310(5753): 1410–1413.

Tallamy, D. W. 2007. *Bringing Nature Home: How You Can Sustain Wildlife with Native Plants* (Portland, OR: Timber Press).

Wilkinson, T. 2013. *Last Stand: Ted Turner's Quest to Save a Troubled Planet* (Guilford, CT: Lyons Press).

Wilson, E. O. 2014. *A Window on Eternity: A Biologist's Walk Through Gorongosa National Park* (New York: Simon & Schuster).

Woodworth, P. 2013. *Our Once and Future Planet: Restoring the World in the Climate Change Century* (Chicago: University of Chicago Press).

Zimov, S. A. 2005. Pleistocene park: Return of the mammoth's ecosystem. *Science* 308(5723): 796–798.

19 Half-Earth: How to Save the Biosphere

Gunter, M. M., Jr. 2004. *Building the Next Ark: How NGOs Work to Protect Biodiversity* (Lebanon, NH: University Press of New England).

Hiss, T. 2014. Can the world really set aside half the planet for wildlife? *Smithsonian* 45(5): 66–78.

Jenkins, C. N., et al. 2015. US protected lands mismatch biodiversity priorities. *Proceedings of the National Academy of Sciences U.S.A.* 112(16): 5081–5086.

Noss, R. F., A. P. Dobson, R. Baldwin, P. Beier, C. R. Davis, D. A. Dellasala, J. Francis, H. Locke, K. Nowak, R. Lopez, C. Reining, S. C. Trombulak, and G. Tabor. 2011. Bolder thinking for conservation. *Conservation Biology* 26(1): 1–9.

Soulé, M. E., and J. Terborgh, eds. 1999. *Continental Conservation: Scientific Foundations of Regional Networks* (Washington, DC: Island Press).

Steffen, W., et al. 2015. Planetary boundaries: Guiding human development on a changing planet. *Sciencexpress*, January 15, pp. 1–17.

20 Threading the Bottleneck

Aamoth, D. 2014. The Turing test. *Time Magazine*, June 23.

Blewett, J., and R. Cunningham, eds. 2014. *The Post-Growth Project: How the End of Economic Growth Could Bring a Fairer and Happier Society* (London: Green House).

Bourne, J. K., Jr. 2015. *The End of Plenty* (New York: W. W. Norton).

Bradshaw, C. J. A., and B. W. Brook. 2014. Human population reduction is not a quick fix for environmental problems. *Proceedings of the National Academy of Sciences U.S.A.* 111(46): 16610–16615.

Brown, L. R. 2011. *World on Edge: How to Prevent Environmental and Economic Collapse* (New York: W. W. Norton).

Brown, L. R. 2012. *Full Planet, Empty Plates: The New Geopolitics of Food Scarcity* (New York: W. W. Norton).

Callaway, E. 2013. Synthetic biologists and conservationists open talks. *Nature* 496(7445): 281.

Carrington, D. 2014. World population to hit 11 bn in 2100—with 70% chance of continuous rise. *The Guardian*, September 18.

Cohen, J. E. 1995. *How Many People Can the Earth Support?* (New York: W. W. Norton).

Dehaene, S. 2014. *Consciousness and the Brain: Deciphering How the Brain Codes Our Thoughts* (New York: Viking).

Eckersley, P., and A. Sandberg. 2013. Is brain emulation dangerous? *J. Artificial General Intelligence* 4(3): 170–194.

Emmott, S. 2013. *Ten Billion* (New York: Random House).

Eth, D., J.-C. Foust, and B. Whale. 2013. The prospects of whole brain emulation within the next half-century. *J. Artificial General Intelligence* 4(3): 130–152.

Frey, G. B. 2015. The end of economic growth? *Scientific American* 312(1): 12.

Garrett, L. 2013. Biology's brave new world. *Foreign Affairs*, Nov-Dec.

Gerland, P., et al. 2014. World population stabilization unlikely this century. *Science* 346(6206): 234–237.

Graziano, M. S. A. 2013. *Consciousness and the Social Brain* (New York: Oxford University Press).

Grossman, L. 2014. Quantum leap: Inside the tangled quest for the future of computing. *Time*, February 6.

Hopfenberg, R. 2014. An expansion of the demographic transition model: The dynamic link between agricultural productivity and population. *Biodiversity* 15(4): 246–254.

Klein, N. 2014. *This Changes Everything* (New York: Simon & Schuster).

Koene, R., and D. Deca. 2013. Whole brain emulation seeks to implement a mind and its general intelligence through systems identification. *J. Artificial General Intelligence* 4(3): 1–9.

Palfrey, J., and U. Gasser. 2012. *Interop: The Promise and Perils of Highly Interconnected Systems* (New York: Basic Books).

Pauwels, E. 2013. Public understanding of synthetic biology. *BioScience* 63(2): 79–89.

Saunders, D. 2010. *Arrival City: How the Largest Migration in History Is Reshaping Our World* (New York: Pantheon).

Schneider, G. E. 2014. *Brain Structure and Its Origins: In Development and in Evolution of Behavior and the Mind* (Cambridge, MA: MIT Press).

Thackray, A., D. Brock, and R. Jones. 2015. *Moore's Law: The Life of Gordon Moore, Silicon Valley's Quiet Revolutionary* (New York: Basic Books).

The Economist. 2014. The future of jobs. January 18.

The Economist. 2014. DIY chromosomes. March 29.

The Economist. 2014. Rise of the robots. March 29–April 4.

United Nations. 2012. *World Population Prospects* (New York: United Nations).

Venter, J. C. 2013. *Life at the Speed of Light: From the Double Helix to the Dawn of Digital Life* (New York: Viking).

Weisman, A. 2013. *Countdown: Our Last, Best Hope for a Future on Earth?* (New York: Little, Brown).

Wilson, E. O. 2014. *A Window on Eternity: A Biologist's Walk Through Gorongosa National Park* (New York: Simon & Schuster).

Zlotnik, H. 2013. Crowd control. *Nature* 501(7465): 30–31.

21 What Must Be Done

Balmford, A., et al. 2004. The worldwide costs of marine protected areas. *Proceedings of the National Academy of Sciences U.S.A.* 101(26): 9694–9697.

Bradshaw, C. J. A., and B. W. Brook. 2014. Human population reduction is not a quick fix for environmental problems. *Proceedings of the National Academy of Sciences U.S.A.* 111(46): 16610–16615.

Donlan, C. J. 2007. Restoring America's big, wild animals. *Scientific American* 296(6): 72–77.

Hamilton, C. 2015. The risks of climate engineering. *New York Times*, February 12, p. A27.

Hiss, T. 2014. Can the world really set aside half the planet for wildlife? *Smithsonian* 45(5): 66–78.

Jenkins, C. N., et al. 2015. US protected lands mismatch biodiversity priorities. *Proceedings of the National Academy of Sciences U.S.A.* 112(16): 5081–5086.

Mikusiński, G., H. P. Possingham, and M. Blicharska. 2014. Biodiversity priority areas and religions—a global analysis of spatial overlap. *Oryx* 48(1): 17–22.

Pereria, H. M., et al. 2013. Essential biodiversity variables. *Science* 339: 277–278.

Saunders, D. 2010. *Arrival City: How the Largest Migration in History Is Reshaping Our World* (New York: Pantheon).

Selleck, J., ed. 2014. *Biological Diversity: Discovery, Science, and Management.* Special issue of *Park Science* 31(1): 1–123.

Service, R. F. 2011. Will busting dams boost salmon? *Science* 334(6058): 888–892.

Steffen, W., et al. 2015. Planetary boundaries: Guiding human development on a changing planet. *Sciencexpress*, January 15, pp. 1–17.

Stuart, S. N., et al. 2010. The barometer of life. *Science* 328(5975): 177.

Wilson, E. O. 2002. *The Future of Life* (New York: Knopf).

Wilson, E. O. 2014. *A Window on Eternity: A Biologist's Walk Through Gorongosa National Park* (New York: Simon & Schuster).

Wilson, E. O. 2014. *The Meaning of Human Existence* (New York: W. W. Norton).

名詞釋義

人類世（Anthropocene）
新提議的一個地質時間單位之新「世」，期間全球環境皆受人類的影響而改變。

人類世的世界觀（Anthropocene worldview）
一種人類的自然觀，持此觀點的人主張所有自然界的生命必須針對其主要的、或完全的人類福祉來計價。在此極端的信仰下，此世界觀認為未來地球將完全為人類所有，且完全為人類所掌控。

生物多樣性（biodiversity）
整個行星內無論今昔、及不拘地區的多樣生物體之總量。其多樣性由生態系、構成生態系的物種，及指定物種性狀的基因等三個層級組成。

生命圈（biosphere）
世界上任何時期的所有活生物體，在我們的行星內共同形成一個

球面薄層。亦稱為生物圈。

生態系（ecosystem）

具有特殊物理特性與其內生活之獨特物種的地域，例如一面湖泊、一片森林、一處珊瑚礁、一棵樹、一個樹洞、或是人的口腔與食道。

基因（gene）

遺傳的基本單元，由許多特定去氧核酸（DNA）單元編碼而成。

屬（genus，複數為genera）

一群現存或滅絕的物種，彼此間密切相關且均由同一祖先物種繁衍者。

半個地球（Half-Earth）

撥出地球的陸地與海洋各半之自然面積之建議，目的是為遏阻生物多樣性的加速滅絕。

物種（species）

一個基因明顯相異的族群或多數族群之群體，其內成員在自然界可彼此自由交配繁衍者。

附件一

現有的保育組織與最近大規模陸地及海洋之保育驅勢，使得半個地球的解決之道確實具有信服力。

現有且可讓持續性半個地球系統能持續建立之組織是世界襲產基金會（World Heritage Foundation）。該組織於一九七二年成立，由聯合國教科文組織（UNESCO）管理。世界襲產基金會的理念書之於一項聯合國條約，其目的是「為現代與未來的全世界公民保護全球卓越的自然美景及歷史遺址而設置。」

到二〇一四年為止，聯合國所有的一千零七處襲產地裡，有一百九十七處為自然襲產地，三十一處為自然與文化混合襲產地。各襲產地至少要合乎一個襲產類別，或十個襲產類別中其他類別中的至少一項標準。其中，最後兩類別全屬生物方面，記述如下：

【襲產地】九　係指陸地、淡水、海岸與海洋生態系，以及植物與動物社群等正在進行演化與發展的過程，具卓越代表性者。

【襲產地】十　係含有最重要且顯著的棲息地供作現場
之生物多樣性保育者，包括那些含有受威脅的物種，其
從科學或保育的觀點具有特殊且普世價值者。

最後一段「從科學或保育的觀點」的模糊性應予強化並擴
大，以包括一個生態系的所有物種。如同我曾強調的，我們甚至
對地球上大多數的物種所知不多以賦予它們學名，更不用說發現
它們在自然中的定位或生存狀態。因此我們還不能夠逐一評量它
們在未來生態系與人類生活中扮演的角色。但是我們可以更決斷
地採取全盤性的大行動。那些最近與最值得一提的如下：

- 巴西之環境部長簽署了法律文件，要求永遠支付亞馬遜
  地區保護區（Amazon Region Protected Areas, ARPA）計
  畫，計畫涵蓋五千一百二十萬公頃，是世界上最大的受
  保護熱帶雨林網絡，並為美國全部國家公園系統的三倍
  大。
- 總部設在倫敦的石油公司國際SOCO宣布，該公司將放
  棄其原本預定在剛果民主共和國的維龍加國家公園
  （Virunga National Park）、也是世界襲產地內的探油計
  畫。該公園是大量生物多樣性的家園，包括極瀕危的山
  地大猩猩，也是最大的靈長類動物。
- 繼一次由知名人士領導的群眾運動之後，中國對魚翅湯
  的消費量遽減了達百分之七十。中國人對此一美食的喜
  愛已導致世界各地鯊魚的族群被大肆消滅。
- 在美國及世界其他地區，水壩的建設已對淡水生物多樣

性造成災難性的效應，且應對大多數有紀錄的本土魚類與軟體動物滅絕負責。其中許多水壩現今被拆除，在本世紀第一個十年之間年度水壩移除率已加倍。

• 各國政府可透過單一且相對微小的政策調整，以大大提升保護活環境。於二〇一二年美國援外計畫（USAID）宣布了它的第一個生物多樣性政策，係設計透過「戰略行動以保育世界最重要的生物多樣性，像是完全取締全球野生動物交易，以及整合生物多樣性與其他發展部門，以改善後果」，以保護各地本土生態系與物種。此一目標的擴張，如同我個人從田野得到的經驗，將可對最需要的發展中國家提供慎重的保育協助。

• 世界公園大會（World Parks Congress）已構思一項計畫，具有對開放海洋生態系有主要潛在衝擊。提案建議產生一巨大的海洋保護區（Marine protected areas, MPAs）涵蓋世界海洋的百分之二十至三十，其間漁業係予禁止者。由於開放海洋水域的魚類與其他海洋生物經常會分散各處，恢復的MPAs生產力將會與鄰近的漁場分享。後者平均收獲的增加已被估計將產生一百萬個額外工作，比起政府現今提供補貼以增加在完整、大體未保護之開放海域系統漁獲，耗費較少經費以監控與保護。

附件二

本書的二十一章各章前插圖的完整引述如下：

[Frontispiece] Bees, flies, and flowers—Frühlingsbild aus b. Insettenleben in Alfred Edmund Brehm, *63 Chromotafeln aus Brehms Tierleben*, Niedere Tiere, Volumes 7–10 (Leipzig: Bibliographisches Institute, 1883–1884) (Ernst Mayr Library, MCZ, Harvard University).

1 [The World Ends, Twice] Fungi—Plate 27 in Franciscus van Sterbeeck, *Theatrum fungorum oft het Tooneel der Campernoelien* (T'Antwerpen: I. Iacobs, 1675), 19 p.l., 396, [20] p.: front., 36 pl. (26 fold.) port.; 21 cm. (Botany Farlow Library RARE BOOK S838t copy 1 [Plate no. 27 follows p. 244], Harvard University).

2 [Humanity Needs a Biosphere] Swans—Schwarzhalsschwan in Alfred Edmund Brehm, *55 Chromotafeln aus Brehms Tierleben*, Vögel, Volumes 4–6 (Leipzig: Bibliographisches Institute, 1883–1884) (Ernst Mayr Library, MCZ, Harvard University).

3 [How Much Biodiversity Survives Today?] Moth, caterpillar, pupa—Plate IX in Maria Sibylla Merian, *Der Raupen wunderbare Verwandelung und sonderbare Blumen-Nahrung: worinnen durch eine gantz-neue Erfindung der Raupen, Würmer, Sommer-vögelein, Motten, Fliegen, und anderer dergleichen Thierlein Ursprung, Speisen und Veränderungen samt ihrer Zeit* (In Nürnberg: zu finden bey Johann Andreas Graffen, Mahlern; in Frankfurt und Leipzig: bey David Funken,

gedruckt bey Andreas Knortzen, 1679–1683). 2 v. in 1 [4], 102, [8]; [4], 100, [4]
p. 100, [2] leaves of plates: ill.; 21 cm. (Plate IX follows p. 16) (Botany Arnold
[Cambr.] Ka M54 vol. 2, Harvard University).

4 [An Elegy for the Rhinos] Rhinos— Nashorn in Alfred Edmund Brehm, *52
Chromotafeln aus Brehms Tierleben*, Sängetiere, Volumes 1–3 (Leipzig: Bibliogra-
phisches Institute, 1883–1884) (Ernst Mayr Library, MCZ, Harvard University).

5 [Apocalypses Now] Turtles and men—Suppenschildkröte in Alfred Edmund
Brehm, *63 Chromotafeln aus Brehms Tierleben*, Niedere Tiere, Volumes 7–10
(Leipzig: Bibliographisches Institute, 1883–1884) (Ernst Mayr Library, MCZ,
Harvard University).

6 [Are We as Gods?] Otis—*Otis australis* female Plate XXXVI in *Proceedings of
the Zoological Society of London* (Illustrations 1848–1860), 1868, Volume II, Aves,
Plates I–LXXVI (Ernst Mayr Library, MCZ, Harvard University).

7 [Why Extinction Is Accelerating] Thylacine—Plate XVIII in *Proceedings of
the Zoological Society of London* (Illustrations 1848–1860), Volume I, Mammalia,
Plates I–LXXXIII (Ernst Mayr Library, MCZ, Harvard University).

8 [The Impact of Climate Change: Land, Sea, and Air] Starfish—Stachelhäuter
in Alfred Edmund Brehm, *63 Chromotafeln aus Brehms Tierleben*, Niedere Tiere,
Volumes 7–10 (Leipzig: Bibliographisches Institute, 1883–1884) (Ernst Mayr
Library, MCZ, Harvard University).

9 [The Most Dangerous Worldview] Bats—Flugfuchs in Alfred Edmund
Brehm, *52 Chromotafeln aus Brehms Tierleben*, Sängetiere, Volumes 1–3 (Leipzig:
Bibliographisches Institute, 1883–1884) (Ernst Mayr Library, MCZ, Harvard
University).

10 [Conservation Science] Seashells—Plate XXXI in *Proceedings of the Zoological
Society of London* (Illustrations 1848–1860), Volume V, Mollusca, Plates I–LI
(Ernst Mayr Library, MCZ, Harvard University).

11 [The Lord God Species] Ivory-billed woodpecker and willow oak—Plate 16,
M. Catesby, 1729, *The Natural History of Carolina*, Volume I (digital realization
of original etchings by Lucie Hey and Nigel Frith, DRPG England; courtesy
of the Royal Society©), in *The Curious Mister Catesby: edited for the Catesby
Commemorative Trust*, by E. Charles Nelson and David J. Elliott (Athens, GA:
University of Georgia Press, 2015).

12 [The Unknown Webs of Life] Snakes—*Thamnocentris [Bothriechis] aurifer* and
Hyla holochlora [Agalychnis moreletii] Plate XXXII in *Proceedings of the Zoological
Society of London* (Illustrations 1848–60), Volume IV, Reptilia et Pisces, Plates
I–XXXII et I–XI (Ernst Mayr Library, MCZ, Harvard University).

13 [The Wholly Different Aqueous World] Siphonophore—*Forskalia tholoides* in Ernst Heinrich Philipp August Haeckel, Report on the Siphonophorae collected during the voyage of *H.M.S. Challenger* during 1873–1876. (London:1888) reproduced in *Sociobiology* 1975, Figure 19-2 (Ernst Mayr Library, MCZ, Harvard University).

14 [The Invisible Empire] Beetles—Hirschkäfer in Alfred Edmund Brehm, *63 Chromotafeln aus Brehms Tierleben*, Niedere Tiere, Volumes 7–10 (Leipzig: Bibliographisches Institute, 1883–1884) (Ernst Mayr Library, MCZ, Harvard University).

15 [The Best Places in the Biosphere] Snipe—Waldschnepfe in Alfred Edmund Brehm, *55 Chromotafeln aus Brehms Tierleben*, Vögel, Volumes 4–6 (Leipzig: Bibliographisches Institute, 1883–1884) (Ernst Mayr Library, MCZ, Harvard University).

16 [History Redefined] *Hydrolea crispa* and *Hydrolea dichotoma*—Plate CCXLIV in Hipólito Ruiz et Josepho Pavon, *Flora Peruviana et Chilensis: sive Descriptiones, et icones plantarum Peruvianarum, et Chilensium, secundum systema Linnaeanum digestae, cum characteribus plurium generum evulgatorum reformatis*, auctoribus Hippolyto Ruiz et Josepho Pavon (Madrid: Typis Gabrielis de Sancha, 1798–1802). 3 + v.: ill.; 43 cm. (Botany Gray Herbarium Fol. 2 R85x v. 3, Harvard University).

17 [The Awakening] Fish—*Aploactis milesii* (above) and *Apistes panduratus* (below) in *Proceedings of the Zoological Society of London* (Illustrations 1848–1860), Volume IV, Reptilia et Pisces, Plates I–XXXII et I–XI (Ernst Mayr Library, MCZ, Harvard University).

18 [Restoration] Pine—*Pinus Elliotii* Plate 1 in George Engelmann, *Revision of the genus Pinus, and description of Pinus Elliottii* (St. Louis: R. P. Studley & Co., 1880). 29 p. 3 plates. 43 cm. (Botany Arboretum Oversize MH 6 En3, Botany Farlow Library Oversize E57r, Botany Gray Herbarium Fol. 2 En3 [3 copies] copy 2, Harvard University).

19 [Half-Earth: How to Save the Biosphere] *Helleborus viridis* Lin. and *Polypodium vulgare* Lin—Plate XII in Gaetano Savi, *Materia medica vegetabile Toscana* (Firenze: Presso Molini, Landi e Co., 1805), 56 pp., 60 leaves of plates: ill.; 36 cm. (Botany Arnold [Cambr.] Oversize Pd Sa9, Botany Econ. Botany Rare Book DEM 51.2 Savi [ECB folio case 2], Botany Gray Herbarium Fol. 3 Sa9, Harvard University).

20 [Threading the Bottleneck] Vine—*Ronnowia domingensis* Plate IV in Pierre-Joseph Buc'hoz, *Plantes nouvellement découvertes: récemment dénommées et classées,*

représentées en gravures, avec leur descriptions; pour servir d'intelligence a l'histoire générale et économique des trois regnes (Paris: l'Auteur, 1779–1784) (Botany Arnold [Cambr.] Fol. 4 B85.3p 1779, Harvard University).

21 [What Must be Done] Turtle——*Cistudo (Onychotria) mexicana* Gray in *Proceedings of the Zoological Society of London* (Illustrations 1848-60), Volume IV, Reptilia et Pisces, Plates I–XXII et I–XI (Ernst Mayr Library, MCZ, Harvard University).

致謝

本書若無許多朋友與同儕的襄助勢必無法完成。我特別感謝我的經紀人約翰·泰勒·「艾克」·威廉斯（John Taylor "Ike" Williams）在財務與法律上的建議；我的編輯羅伯特·韋爾（Robert Weil）的靈感與指導；凱瑟琳·荷頓（Katheleen M. Horton）專業研究、編輯及手稿事宜；我的內人勒妮（Renee）始終如一的支持與建議。格雷戈里·卡爾（Gregory C. Carr）與戴維斯（MC Davis）在我訪問莫三比克與佛羅里達州期間，是不可或缺的後勤支援者與共事者。喬治·克熱梅德杰夫（George Kremedjiev）則是我多年來的益友，告訴我高科技資訊與腦科學發展的關鍵趨勢。

同時我也萬分感謝我的朋友東尼·希斯（Tony Hiss）的鼓勵，並建議我在《生命的未來》（*The Future of Life*）與《永恆之窗》（*The Window of Eternity*）兩書及本書採用「半個地球」這四個字；也感謝保拉·埃利希（Paula Ehrlich）的寶貴編輯上的建議。

函覆我請教「生命圈的首善之區」者如下：李安妮·阿朗索（Leeanne Alonso）、斯特凡·科佛（Stefan Cover），西爾維婭·

厄爾（Sylvia Earle）、布賴恩·費雪（Brian Fisher）、安德里安·福塞思（Adrian Forsyth）、羅伯特·喬治（Robert George）、哈里·格林（Harry Greene）、湯姆·洛夫喬伊（Tom Lovejoy）、梅格·勞曼（Meg Lowman）、大衛·麥迪森（David Maddison）、布魯斯·米恩斯（Bruce Means）、魯斯·米特邁爾（Russ Mitter-meier）、馬克·莫非特（Mark Moffett）、彼特·納斯科雷克（Piotr Naskrecki）、史都亞特·皮姆（Stuart Pimm）、賈林恩·普蘭斯（Ghillean Prance）、彼特·雷文（Peter Raven），及戴安娜·沃爾（Diana Wall）。

　　我感謝哈佛大學比較動物學博物館、厄內斯特·梅爾（Ernst Mayr）圖書館的館員：康妮·里納爾多（Connie Rinaldo）、瑪麗·西爾斯（Mary Sears）、戴娜·費雪（Dana Fisher）；哈佛大學蠟葉標本館之植物學圖書館的朱迪思·沃內門特（Judith A. Warnement）與麗莎·德塞亞薩雷（Lisa DeCeasare）等人的協助與精選《半個地球》的插圖。

　　本書（**編註：原書**）封面的蝴蝶是北美橙黃豆粉蝶（*Colias eurytheme*）之季節性「半邊白」（semialba）表型。（取自《美東蝴蝶圖鑑：觀察者指南》（*Butterflies of the East Coast: An Observer's Guide*），里克·切赫與蓋伊·圖德（Rick Cech & Guy Tudor）著，普林斯頓大學印刷，二〇〇五年出版）。

國家圖書館出版品預行編目資料

半個地球：探尋生物多樣性及其保存之道 / 愛德華．威爾森 (Edward O.
Wilson) 著；金恆鑣，王益真譯．-- 初版．-- 臺北市：商周，城邦文化出版：家
庭傳媒城邦分公司發行，2017.07
　面；　公分
譯自：Half-earth : our planet's fight for life
ISBN 978-986-477-256-8 (平裝)

1. 生態學　2. 生物多樣性　3. 自然保育

367   106008436

半個地球：探尋生物多樣性及其保存之道

原 著 書 名／Half-Earth: Our Planet's Fight for Life
作　　　者／愛德華·威爾森 | Edward O. Wilson
譯　　　者／金恆鑣、王益真
企 畫 選 書／賴芊曄
責 任 編 輯／賴芊曄、洪偉傑

版　　　權／林心紅
行 銷 業 務／李衍逸、黃崇華
總 編 輯／楊如玉
總 經 理／彭之琬
發 行 人／何飛鵬
法 律 顧 問／台英國際商務法律事務所　羅明通律師
出　　　版／商周出版
　　　　　　臺北市中山區民生東路二段 141 號 9 樓
　　　　　　電話：(02) 25007008　傳真：(02)25007759
　　　　　　E-mail：bwp.service@cite.com.tw
發　　　行／英屬蓋曼群島商家庭傳媒股份有限公司城邦分公司
　　　　　　臺北市中山區民生東路二段 141 號 2 樓
　　　　　　書虫客服務專線：(02)25007718；(02)25007719
　　　　　　服務時間：週一至週五上午 09:30-12:00；下午 13:30-17:00
　　　　　　24 小時傳真專線：(02)25001990；(02)25001991
　　　　　　劃撥帳號：19863813；戶名：書虫股份有限公司
　　　　　　讀者服務信箱：service@readingclub.com.tw
　　　　　　城邦讀書花園　網址：www.cite.com.tw
香港發行所／城邦（香港）出版集團有限公司
　　　　　　香港灣仔駱克道 193 號東超商業中心 1 樓
　　　　　　電話：(852) 25086231　傳真：(852) 25789337　E-mail：hkcite@biznetvigator.com
馬新發行所／城邦（馬新）出版集團　Cite (M) Sdn. Bhd.
　　　　　　41, Jalan Radin Anum, Bandar Baru Sri Petaling, 57000 Kuala Lumpur, Malaysia.
　　　　　　電話：(603) 90578822　傳真：(603) 90576622　E-mail：cite@cite.com.my

封 面 設 計／井十二設計研究室
內 文 設 計／極翔企業有限公司
印　　　刷／卡樂彩色製版印刷有限公司
經 銷 商／聯合發行股份有限公司
　　　　　　電話：(02)2917-8022　傳真：(02)2911-0053
　　　　　　地址：新北市 231 新店區寶橋路 235 巷 6 弄 6 號 2 樓

2017 年 7 月 4 日初版　　　　　　　　　　　　　　　　Printed in Taiwan
定價 350 元

Half-Earth: Our Planet's Fight for Life
by Edward O. Wilson
Copyright © 2016 by Edward O. Wilson
Published by arrangement with W. W. Norton & Company, Inc.
through Bardon-Chinese Media Agency
博達著作權代理有限公司
Complex Chinese translation copyright © 2017
by Business Weekly Publications, a division of Cite Publishing Ltd.
ALL RIGHTS RESERVED

城邦讀書花園
www.cite.com.tw

104 台北市民生東路二段 141 號 2 樓

英屬蓋曼群島商家庭傳媒股份有限公司　城邦分公司

請沿虛線對摺，謝謝！

書號：BU0136　　　書名：半個地球　　　編碼：

 商周出版

讀者回函卡

感謝您購買我們出版的書籍!請費心填寫此回函卡,我們將不定期寄上城邦集團最新的出版訊息。

不定期好禮相贈!
立即加入:商周出
Facebook 粉絲團

姓名:_____ 性別:□男 □女

生日:西元_____年_____月_____日

地址:_____

聯絡電話:_____ 傳真:_____

E-mail:

學歷:□ 1. 小學 □ 2. 國中 □ 3. 高中 □ 4. 大學 □ 5. 研究所以上

職業:□ 1. 學生 □ 2. 軍公教 □ 3. 服務 □ 4. 金融 □ 5. 製造 □ 6. 資訊

□ 7. 傳播 □ 8. 自由業 □ 9. 農漁牧 □ 10. 家管 □ 11. 退休

□ 12. 其他_____

您從何種方式得知本書消息?

□ 1. 書店 □ 2. 網路 □ 3. 報紙 □ 4. 雜誌 □ 5. 廣播 □ 6. 電視

□ 7. 親友推薦 □ 8. 其他_____

您通常以何種方式購書?

□ 1. 書店 □ 2. 網路 □ 3. 傳真訂購 □ 4. 郵局劃撥 □ 5. 其他_____

您喜歡閱讀那些類別的書籍?

□ 1. 財經商業 □ 2. 自然科學 □ 3. 歷史 □ 4. 法律 □ 5. 文學

□ 6. 休閒旅遊 □ 7. 小說 □ 8. 人物傳記 □ 9. 生活、勵志 □ 10. 其他

對我們的建議:_____

_____

_____